1·2급 동시 대비

속눈썹 아트 디자이너

필기시험 완벽 가이드

사단법인한국메이크업미용사회
KOREA MAKE-UP CENTRAL ASSOCIATION
유한나, 이현원 지음

Eyelashes Design

(주)도서출판 성안당

속눈썹 아트 디자이너
필기시험 완벽 가이드

2023. 8. 14. 초 판 1쇄 인쇄
2023. 8. 23. 초 판 1쇄 발행

지은이 | 유한나, 이현원
펴낸이 | 이종춘
펴낸곳 | BM ㈜도서출판 성안당
주소 | 04032 서울시 마포구 양화로 127 첨단빌딩 3층(출판기획 R&D 센터)
10881 경기도 파주시 문발로 112 파주 출판 문화도시(제작 및 물류)
전화 | 02) 3142-0036
031) 950-6300
팩스 | 031) 955-0510
등록 | 1973. 2. 1. 제406-2005-000046호
출판사 홈페이지 | www.cyber.co.kr
ISBN | 978-89-315-5313-0 (13590)
정가 | 17,000원

이 책을 만든 사람들
책임 | 최옥현
진행 | 최창동
본문 디자인 | 인투
표지 디자인 | 박원석
홍보 | 김계향, 유미나, 정단비, 김주승
국제부 | 이선민, 조혜란
마케팅 | 구본철, 차정욱, 오영일, 나진호, 강호묵
마케팅 지원 | 장상범
제작 | 김유석

■ **도서 A/S 안내**

성안당에서 발행하는 모든 도서는 저자와 출판사, 그리고 독자가 함께 만들어 나갑니다.
좋은 책을 펴내기 위해 많은 노력을 기울이고 있습니다. 혹시라도 내용상의 오류나 오탈자 등이 발견되면 **"좋은 책은 나라의 보배"**로서 우리 모두가 함께 만들어 간다는 마음으로 연락주시기 바랍니다. 수정 보완하여 더 나은 책이 되도록 최선을 다하겠습니다.
성안당은 늘 독자 여러분들의 소중한 의견을 기다리고 있습니다. 좋은 의견을 보내주시는 분께는 성안당 쇼핑몰의 포인트(3,000포인트)를 적립해 드립니다.

잘못 만들어진 책이나 부록 등이 파손된 경우에는 교환해 드립니다.

머리말

인류의 역사를 살펴보면 아름다움에 대한 욕구는 늘 존재해 왔다. 미(美)의 기준은 시대, 문화, 지역에 따라 조금씩은 다르나 길고 풍성한 속눈썹에 관한 선호는 공통으로 나타나고 있다. 속눈썹을 가꾸는 것으로 눈을 더 아름답게 표현하고, 메이크업의 완성도를 높일 수 있다.

현대 사회에 이르러 미(美)에 대한 욕구와 더불어 기술의 발달로 인해 다양한 뷰티 관련 기술이 개발되고 있다. 현재 미용업에서는 속눈썹 연장을 메이크업의 영역으로 분류하고 있으며, 인조 속눈썹 디자인, 속눈썹 연장, 속눈썹 펌 등 다양한 형태의 속눈썹 디자인이 인기를 끌고 있다. 최근에는 속눈썹 디자인만을 위한 살롱의 형태도 늘어나고 있다.

이 책은 〈속눈썹 디자인〉의 후속편으로 속눈썹 아트 디자이너 자격 검정을 준비하기 위한 필기시험 가이드 문제집이다. 본서는 속눈썹 디자인의 이해, 속눈썹 연장 재료 도구와 디자인, 속눈썹 연장 실기, 속눈썹 펌 실기의 총 4개 챕터로 구성하였으며, 본 교재가 속눈썹 인재 양성의 초석이 되기를 바란다.

저자들 나름대로 속눈썹 디자인과 관련한 문제들을, 최선을 다해 담아냈으나 미흡한 부분이 있을 수 있을 것으로 생각하는 바이다. 그에 따른 독자들의 소중한 조언은 다음 개정에 반영할 수 있도록 노력할 것이다.

이 책이 나오기까지 정성을 다해주신 성안당 편집부 직원들과 (사)한국메이크업미용사회를 이끄시는 금지선 회장님께 감사의 인사를 드리며, 본 서적을 통하여 속눈썹 관련 산업이 더욱 발전하게 되길 기대한다.

2023년 8월

저자 일동

■ 속눈썹 아트 디자이너 민간자격검정 시험 요강

① 속눈썹 아트 디자이너 응시자격

등급	응시자격
2급	자격제한 없음
1급	본 협회 속눈썹 아트 디자이너 2급 자격 취득자 (타 협회 2급 자격증 소지자는 자격증 사본 필히 첨부)
강사인증	본 협회 속눈썹 아트 디자이너 1급 자격 취득자

② 자격검정시험 방법 및 합격기준

등급	필기	실기
2급	• 객관식 80문항(사지선다)×1.25=100점 • 60점 이상 합격 • 시험시간 60분	• 이미지별 속눈썹 연장 • 70점 이상 합격 • 시험시간 총 50분
1급	• 객관식 50문항(사지선다)×1.5=75점 • 주관식 5문항×5=25점 • 60점 이상 합격 • 시험시간 60분	• 속눈썹 연장, 속눈썹 증모, 속눈썹 펌 • 70점 이상 합격 • 시험시간 총 70분
강사인증	• 과정 이수 (4시간 이상 과정 이수) • 학술평가 : A4 1~2장 정도의 소논문 형식으로 주제에 맞게 서술	• 70점 이상 합격 • 시험시간 60분

■ 속눈썹 아트 디자이너 응시원서 교부 및 접수

① 원서 다운로드: 한국메이크업미용사회(www.kmakeup.or.kr)

② 접수 방법: 협회 홈페이지, 우편접수, 협회 방문접수, 단체접수

③ 시험 문의: 사단법인 한국메이크업미용사회 중앙회 사무국(Tel: 02-515-1485)

■ 속눈썹 아트 디자이너 실기시험 준비물(필수)

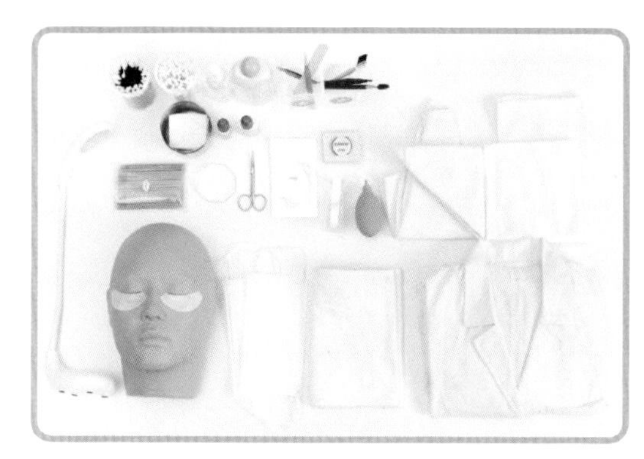

▲ 속눈썹 연장 준비물(예시)

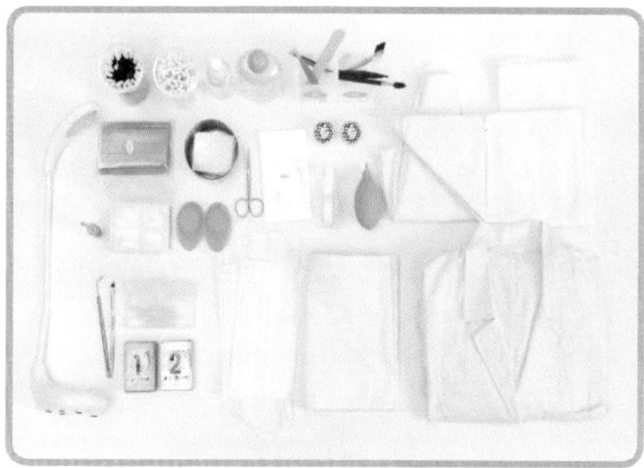

▲ 속눈썹 펌 준비물(예시)

① 속눈썹 아트 디자이너 2급

- 속눈썹 연장 준비물: 연장용 마네킹, 일회용 마스크, 소독용 솜, 소독용 알코올, 아이패치, 일회용 속눈썹, 가속눈썹(J컬), 전처리제, 속눈썹 연장용 글루, 글루 리무버, 속눈썹 브러시, 속눈썹 연장용 핀셋 2개, 마이크로 브러시 또는 면봉, 우드 스파출라, 글루판, 가위 등

② 속눈썹 아트 디자이너 1급

- 속눈썹 연장: 연장용 마네킹, 일회용 마스크, 소독용 솜, 소독용 알코올, 아이패치, 일회용 속눈썹, 가속눈썹(J컬, JC컬, C컬, Y래쉬, W래쉬), 전처리제, 속눈썹 연장용 글루, 글루 리무버, 속눈썹 브러시, 속눈썹 연장용 핀셋 2개, 마이크로 브러시 또는 면봉, 우드 스파출라, 글루판, 가위 등
- 속눈썹 펌 준비물: 모델, 일회용 마스크, 소독용 솜, 소독용 알코올, 아이패치, 전처리제, 속눈썹 펌제(1,2액, 1회용 준비 가능), 펌롯드, 펌지 또는 랩, 속눈썹 브러시, 속눈썹 연장용 핀셋, 마이크로 브러시 또는 면봉, 우드 스파출라, 가위 등

* 필수 준비물 외의 준비물은 개별 준비

PART 01 과목별 연습문제

PART 02 실전 모의고사

PART 01

과목별 연습문제

Chapter 01 속눈썹 디자인의 이해

01 속눈썹에 관한 설명으로 가장 거리가 먼 것은?

① 눈꺼풀 가장자리를 따라 모낭지선에서 자라는 모(毛)이다.
② 속눈썹의 굵기와 길이는 인종, 성별, 나이, 환경 등에 따라 차이가 있다.
③ 서양 여성의 속눈썹은 숱이 적고 아래로 처진 형태의 곧은 직모가 많다.
④ 눈의 가운데 부분의 속눈썹이 가장자리 쪽보다 길이가 길다.

> TIP 서양 여성의 속눈썹은 숱이 많고 긴 편이고, 위를 향해 성장한다.

02 속눈썹의 일반적 특성에 관한 설명 중 옳은 것은?

① 속눈썹은 단백질이 결합된 길고 굵은 털인 경모(Terminal Hair)이다.
② 일반적으로 동양 여성이 서양 여성에 비해 속눈썹이 더 굵고 길다.
③ 눈의 가장자리 부분의 속눈썹이 가운데 부분의 속눈썹보다 길이가 길다.
④ 동양 여성의 속눈썹은 숱이 많고 긴 속눈썹이 위를 향해 성장한다.

> TIP 속눈썹은 단백질이 결합된 길고 굵은 털인 경모(Terminal Hair)로 눈의 가운데 부분의 속눈썹이 가장자리 쪽보다 길이가 길고, 눈에서 멀어질수록 휘어진 형태를 가졌다.

03 속눈썹 연장은 미용사 국가기술자격 실기시험의 분류 중 어느 유형에 해당하는가?

① 헤어미용 ② 피부미용
③ 네일미용 ④ 메이크업

> TIP 속눈썹 연장은 메이크업 국가기술자격 실기시험의 제4과제에 해당한다.

04 한국인의 평균 속눈썹 길이와 개수에 대한 설명으로 가장 옳은 것은?

① 약 6~7mm 정도로 60~80개 정도
② 약 8~10mm 정도로 80~100개 정도
③ 약 8~12mm 정도로 100~180개 정도
④ 약 10~12mm 정도로 160~200개 정도

> TIP 한국인의 속눈썹 길이는 약 8~12mm 정도로 100~180개 정도가 자라며, 눈의 가운데 부분의 속눈썹이 가장자리 쪽보다 길이가 길다.

05 한국인의 평균 언더라인 속눈썹 길이와 개수에 대한 설명으로 가장 옳은 것은?

① 약 4~6mm로 25~50개 정도
② 약 6~8mm로 50~85개 정도
③ 약 8~10mm로 25~50개 정도
④ 약 6~10mm로 85~100개 정도

> TIP 한국인의 언더라인 속눈썹은 약 6~8mm로 50~85개 정도가 자란다.

정답 01. ③ 02. ① 03. ④ 04. ③ 05. ②

06 한국인의 속눈썹과 언더라인 속눈썹의 평균 길이 연결로 가장 올바른 것은?

① 6~8mm, 4~6mm
② 6~10mm, 4~8mm
③ 8~12mm, 6~8mm
④ 10~14mm, 6~10mm

TIP 한국인의 속눈썹의 길이는 약 8~12mm 정도로 100~180개 정도가 자라며, 언더라인 속눈썹은 약 6~8mm로 50~85개 정도가 자란다.

07 속눈썹의 기능에 관한 설명으로 가장 거리가 먼 것은?

① 땀과 이물질로부터 눈을 방어하고 차단하는 역할
② 눈을 깜빡이게 하는 반사작용을 유발하여 눈물을 눈 전체에 분산하는 역할
③ 강한 빛을 산란시켜 빛의 양을 조절하여 눈을 보호하는 역할
④ 눈으로 들어오는 빛을 굴절시켜 망막에 도달하게 하는 역할

TIP 눈으로 들어오는 빛을 굴절시켜 망막에 도달하게 하는 역할은 눈의 구조 중 수정체의 역할이다.

08 자연 속눈썹을 컬링하는 도구의 이름은?

① 핀셋
② 트위저
③ 팔레트
④ 아이래시 컬러

TIP 속눈썹을 컬링하는 도구는 아이래시 컬러(뷰러)이다.

09 속눈썹 디자인의 기능에 관한 설명으로 가장 거리가 먼 것은?

① 빛의 강약에 따라 동공 크기를 조절해 눈으로 들어오는 빛을 조절하는 효과
② 눈매를 크고 또렷하게 만들고, 눈썹이 풍성해 보이는 효과
③ 얇거나 처진 속눈썹을 선명하고 컬이 있어 보이게 하는 효과
④ 양 눈의 크기나 쌍꺼풀 모양이 다를 때, 눈 형태의 수정 및 보완 효과

TIP 눈의 구조 중 홍채(Iris)는 빛의 강약에 따라 동공 크기를 조절해 눈으로 들어오는 빛을 조절하는 기능을 한다.

10 속눈썹 디자인의 역사에 관한 설명 중 가장 옳은 것은?

① 최초 기록은 B.C. 700년경의 고대 로마 시대의 것으로 추정된다.
② 중세에는 코울(Kohl)과 코르크를 화장품 형태로 만들어 속눈썹에 발라 메이크업 하였다.
③ 근세에는 금욕주의의 영향으로 속눈썹을 꾸미지 않았다.
④ 영국의 빅토리아 여왕은 석탄가루와 바셀린으로 만든 마스카라를 사용하였다.

TIP 화장품이 본격적으로 사용되기 시작한 것은 근대 낭만주의 시대부터였다. 영국의 빅토리아 여왕은 석탄가루와 바셀린으로 만든 마스카라를 사용하였다.

정답
06. ③ 07. ④ 08. ④ 09. ① 10. ④

11 코울(Kohl)과 연고, 공작석 가루를 눈 주변과 속눈썹에 발라 눈을 보호하고 건강을 유지하였던 기록이 남아있는 시기는?

① 고대 이집트
② 고대 그리스
③ 고대 로마
④ 르네상스

TIP 속눈썹 디자인과 관련된 최초 기록은 B.C. 3500년경의 고대 이집트 시대의 것으로 추정하고 있으며, 이집트인들은 코울(Kohl)과 연고, 공작석 가루를 눈 주변과 속눈썹에 발라 눈을 보호하고 건강을 유지하였다고 한다.

12 고대 고마 시대의 속눈썹과 관련된 역사와 가장 거리가 먼 것은?

① 고대 로마에서는 남·녀 모두 미용을 하였다.
② 길고 두껍게 말려 올라간 속눈썹이 유행하였다.
③ 여성들은 속눈썹과 눈썹을 제거하기도 하였다.
④ 코울(Kohl)과 코르크를 화장품 형태로 만들어 속눈썹에 발라 메이크업하였다.

TIP 중세에는 여성의 메이크업이 경멸의 대상이 되었으며, 중세 말기의 여성들은 속눈썹과 눈썹을 제거하기도 하였다.

13 엘리자베스 1세 여왕의 붉은 황금색 계열의 모발색과 속눈썹이 유행하였던 시기는?

① 중세 ② 근세
③ 근대 ④ 현대

TIP 근세에는 엘리자베스 1세 여왕의 메이크업이 영국과 유럽의 여성들에게 유행하였다. 붉은 황금색 계열의 모발색과 속눈썹이 유행하였고, 색상을 표현하기 위해 속눈썹을 염색하기도 하였다.

14 기독교의 금욕주의 영향으로 메이크업이 경멸의 대상이 되었으며, 속눈썹과 눈썹을 제거하는 것이 유행했던 시기는?

① 고대 이집트
② 중세
③ 근세
④ 근대

TIP 중세 시대에는 기독교의 금욕주의의 영향으로 여성의 메이크업이 경멸의 대상이 되었다. 희고 창백한 피부에 넓은 이마를 강조하였으며, 중세 말기의 여성들은 속눈썹과 눈썹을 제거하기도 하였다.

15 근대 시기 영국의 빅토리아 여왕이 사용했던 마스카라의 주원료는?

① 석탄가루와 바셀린
② 공작석 가루와 연고
③ 코울과 공작석 가루
④ 코르크와 오일

TIP 화장품이 본격적으로 사용되기 시작한 것은 근대 낭만주의 시대부터였다. 영국의 빅토리아 여왕은 석탄가루와 바셀린으로 만든 마스카라를 사용하였다.

정답
11. ① 12. ③ 13. ② 14. ② 15. ①

16 1913년 약사였던 미국의 토마스 L. 윌리엄스가 동생을 위해 만든 고형의 속눈썹 화장품은 현대 마스카라 제품의 시초이다. 이것은 무엇인가?

① 레블론 마스카라
② 맥스팩터 마스카라
③ 메이블린 마스카라
④ 에스티로더 마스카라

TIP 1913년 약사였던 미국의 토마스 L. 윌리엄스(Thomas L. Williams)가 동생 메이블을 위한 고형의 속눈썹 화장품을 만든 것이 현대 마스카라 제품의 시초이다. '래쉬 브로우 인(Lash-Brow-Ine)'은 바셀린 젤리와 분탄을 혼합하여 만든 제품이었다.

17 1931년 스테인리스로 만든 아이래시 컬러(Eyelash Curler)를 개발한 사람은?

① 트위기
② 칼 네슬레
③ 윌리엄 맥도넬
④ 리타 헤이워드

TIP 1931년에는 윌리엄 맥도넬(William McDonell)에 의해 스테인리스로 만든 아이래시 컬러(Eyelash Curler)가 개발되었다.

18 칼 네슬레(Karl Nessler)는 헤어 퍼머넌트 웨이브 기기 개발에 이어 직물로 만든 인조 속눈썹을 제작하여 판매하였다. 인조 속눈썹을 개발한 시기는?

① 1882년 ② 1902년
③ 1923년 ④ 1945년

TIP 1902년 칼 네슬레(Karl Nessler)는 헤어 퍼머넌트 웨이브 기기 개발에 이어 직물로 인조 속눈썹을 제작하여 판매하였다.

19 영화배우들의 메이크업 유행과 더불어 일회용 속눈썹이 대중화되기 시작한 시기는?

① 1910년대 ② 1930년대
③ 1950년대 ④ 1970년대

TIP 1940~1950년대 리타 헤이워드, 마릴린 먼로 등의 영화배우에 의해 일회용 인조 속눈썹이 대중화되었다.

20 1960년대 인조 속눈썹을 붙이거나 아이라인으로 인위적으로 그린 속눈썹을 유행시킨 사람은?

① 트위기 ② 마릴린 먼로
③ 그레타 가르보 ④ 리타 헤어워드

TIP 1960년대 영국의 모델 트위기는 아이홀 메이크업에 인조 속눈썹을 붙이거나 아이라인으로 인위적으로 그린 속눈썹을 유행시켰다.

21 한국에서 속눈썹 연장(Eyelashes Extension)이 본격적으로 이루어지기 시작한 때는?

① 1970년대 ② 1980년대
③ 1990년대 ④ 2000년대

TIP 2000년대에는 속눈썹 연장(Eyelashes Extension) 기술이 등장하였고, 2003년경부터 한국에서는 속눈썹 연장이 본격적으로 이루어지기 시작하였다.

정답
16. ③ 17. ③ 18. ② 19. ③ 20. ① 21. ④

22 물이나 땀에 강하고 건조가 빨라 물에 닿아도 메이크업의 효과가 오래 지속되는 마스카라는?

① 볼륨(Volume) 마스카라
② 컬링(Curling) 마스카라
③ 롱 래시(Long lashes) 마스카라
④ 워터 프루프(Water Proof) 마스카라

TIP 워터 프루프(Water Proof) 마스카라는 물이나 땀에 강하다. 지울 때는 아이리무버를 사용하는 것이 좋다.

23 섬유소가 들어있으며 나선형 솔을 주로 사용하는 마스카라의 종류는?

① 볼륨(Volume) 마스카라
② 컬링(Curling) 마스카라
③ 롱 래시(Long lashes) 마스카라
④ 워터 프루프(Water Proof) 마스카라

TIP 롱 래시(Long lashes) 마스카라는 나선형 솔을 사용하며, 섬유소가 들어 있어 화이버 마스카라(Faber Mascara)라고도 부른다. 속눈썹을 길어 보이게 하나 잘 엉겨 붙거나 섬유소가 눈 밑에 떨어질 수 있다는 단점이 있다.

24 통통한 디자인의 솔을 사용하여 속눈썹의 숱이 풍성해 보이도록 하는 마스카라의 종류는?

① 볼륨(Volume) 마스카라
② 컬링(Curling) 마스카라
③ 롱 래시(Long lashes) 마스카라
④ 워터 프루프(Water Proof) 마스카라

TIP 볼륨(Volume) 마스카라는 솔이 통통한 디자인으로 속눈썹의 숱이 풍성하고 진해 보이게 한다.

25 마스카라에 대한 설명으로 틀린 것은?

① 속눈썹을 길고 풍성하게 표현한다.
② 언더래시에는 바르지 않는다.
③ 메이크업 단계에서 아이래시 컬러로 컬링 후 사용한다.
④ 마스카라 사용 후 덧바르면 더욱 풍성하게 표현할 수 있다.

TIP 마스카라는 위, 아래 속눈썹에 모두 바를 수 있다.

26 인조 속눈썹 대에 풀(글루)을 발라 눈에 부착하는 것으로 일반적인 메이크업 기법에서 사용하는 것은?

① 속눈썹 연장(延長)
② 인조 속눈썹 연출(演出)
③ 속눈썹 증모(增募)
④ 눈썹 펌(Permanent Wave)

TIP 일반적인 메이크업 시 사용하는 인조 속눈썹은 가닥 속눈썹(Individual Type)과 일자 속눈썹(Strip Type) 등에 속눈썹 풀을 발라 눈에 부착한다.

27 속눈썹의 숱을 풍성하게 보이게 하는 속눈썹 연출 기법은?

① 속눈썹 펌
② 속눈썹 컬링
③ 속눈썹 연장
④ 속눈썹 증모

TIP 속눈썹 증모(增募)란 기존의 숱이 적은 속눈썹에 가모(假毛)를 붙여 속눈썹의 숱을 풍성하게 보이도록 하는 기술이다.

정답
22. ④ 23. ③ 24. ① 25. ② 26. ② 27. ④

28 속눈썹의 길이를 길어 보이게 연출하는 속눈썹 기법은?

① 속눈썹 펌
② 속눈썹 연장
③ 속눈썹 컬링
④ 속눈썹 증모

TIP 속눈썹 연장(延長)이란 기존의 짧은 속눈썹에 가모(假毛)를 붙여 속눈썹의 길이를 길게 늘이는 기술이다.

29 눈앞 쪽의 투명한 막으로 공기에 노출되는 안구 부분이며, 외부 자극으로부터 눈을 보호하는 역할을 하는 것은?

① 각막(Cornea)
② 수정체(Lens)
③ 망막(Retina)
④ 속눈썹(Eyelashes)

TIP 각막(Cornea)은 홍채와 동공을 보호하는 눈앞 쪽의 투명한 막으로 공기에 노출되는 안구 부분이다. 외부 자극으로부터 눈을 보호하는 역할을 한다.

30 속눈썹은 눈의 어떤 부위의 가장자리를 따라 자라는가?

① 안와(Orbit)
② 눈꺼풀(Eyelid)
③ 결막(Conjunctiva)
④ 안근(Ocular Muscle)

TIP 속눈썹은 눈꺼풀 가장자리를 따라 모낭지선에서 자라는 모(毛)로, 첩모(睫毛)라 불린다.

31 상(像)이 맺히는 부분으로 안구의 가장 안쪽을 덮고 있는 부위는?

① 망막 ② 홍채
③ 각막 ④ 동공

TIP 망막이란 상(像)이 맺히는 부분으로 안구의 가장 안쪽을 덮고 있다. 빛에 대한 정보를 시신경에 전달하는 카메라의 필름과 같은 역할이며, 망막 주변에는 간상체와 추상체라는 시세포가 있어 색의 명암과 색상을 구별할 수 있다.

32 눈꺼풀의 안쪽과 안구의 흰 부분을 덮고 있는 얇고 투명한 점막으로 눈을 보호하는 기능을 하는 것은?

① 결막 ② 안와
③ 안근 ④ 속눈썹

TIP 결막(Conjunctiva)이란 눈꺼풀의 안쪽과 안구의 흰 부분을 덮고 있는 얇고 투명한 점막으로 눈을 보호하는 기능을 하며, 결막을 이루는 일부 세포는 눈물 성분 중 점액을 만들어 분비한다.

33 모(毛, 털)에 관한 설명으로 틀린 것은?

① 모(毛)의 일반적인 수명은 1~2년이다.
② 피부의 표피층에서 발생하며 손바닥, 발바닥, 입술, 유두, 점막, 음부를 제외한 전신에 분포한다.
③ 모(毛)의 기능은 체온 조절 기능, 자외선 및 외부 물질로부터 보호 기능 등이 있다.
④ 모(毛)의 수분 함량은 12% 정도이고, 1일 약 0.34~0.35mm가 자란다.

TIP 모(毛)의 일반적인 수명은 3~6년이다.

정답 28. ② 29. ① 30. ② 31. ④ 32. ① 33. ①

34 모(毛)는 케라틴 단백질로 구성되어 있으며, 수분을 포함하고 있다. 수분 함량은?

① 6%　　② 12%
③ 18%　　④ 24%

TIP 모(毛)의 수분 함량은 12% 정도이다.

35 흑색, 갈색 등 모발의 밝고 어두운 정도의 색을 결정하는 것은?

① 카로틴
② 스트레스
③ 헤모글로빈
④ 멜라닌 색소

TIP 모피질은 머리카락에서 가장 높은 비율을 차지하는 부분으로 멜라닌 색소가 있어 모발색을 결정짓는다.

36 모간부의 3개 층 중, 머리카락에서 가장 높은 비율을 차지하는 부분은?

① 모피질
② 모표피
③ 모수질
④ 모근부

TIP 모간부는 모발의 표피 외부로 나와 있는 부분으로 모표피, 모피질, 모수질의 3개 층으로 구성되어 있다. 모피질은 머리카락에서 가장 높은 비율을 차지하는 부분으로 멜라닌 색소가 있어 모발색을 결정짓는다.

37 다음 중 모(毛)의 구조 중 모근부에 해당하는 것은?

① 모표피　　② 모피질
③ 모수질　　④ 모모세포

TIP 모근부는 두피의 조직이 붙어 있는 부분으로 둥글게 부풀려져 있는 모구에 모세혈관과 모유두, 모모 세포가 존재한다.

38 모간부는 모발의 표피 외부로 나와 있는 부분이다. 가장 바깥 부분은?

① 모표피
② 모피질
③ 모수질
④ 모모세포

TIP 모간부는 모근부 이외에 모발의 표피 외부로 나와 있는 부분으로 모표피, 모피질, 모수질의 3개의 층으로 구성되어 있다. 가장 바깥 부분을 모표피, 가장 안쪽 부분을 모수질이라 부르며, 모피질은 머리카락에서 가장 높은 비율을 차지하는 부분이다.

39 모근부에 해당하며, 모발의 성장을 조절하고 모구에 산소와 영양을 공급하는 것은?

① 모표피
② 모유두
③ 모세혈관
④ 모모세포

TIP 모발은 모근부와 모간부로 분류되며, 모근부에 있는 모유두는 모발의 성장을 조절하고 모구에 산소와 영양을 공급한다.

정답
34. ②　35. ④　36. ①　37. ④　38. ①　39. ②

40 모(毛)의 구조 중 색소가 있어 모발색을 결정짓는 것은?

① 모모세포
② 모표피
③ 모피질
④ 모수질

TIP 모피질은 모간부의 3개 층 중 하나로 머리카락에서 가장 높은 비율을 차지하는 부분으로 멜라닌 색소가 있어 모발색을 결정짓는다.

41 모낭에 부착된 나선형 구조로 진피의 깊숙한 곳에서 분출되며, 냄새가 있는 점성이 있는 땀을 분비하는 것은?

① 소한선
② 대한선
③ 피지선
④ 에크린선

TIP 대한선(大汗腺, 아포크린선)은 모낭에 부착된 나선형 구조로 진피의 깊숙한 곳에서 분출되며, 냄새가 있는 점성이 있는 땀을 분비한다. 주로 겨드랑이, 귀 주변, 생식기 주변, 유두와 배꼽 주변에 분포한다.

42 피지선에서 만들어진 피지의 1일 분비량은?

① 1~2g ② 3~4g
③ 5~6g ④ 7~8g

TIP 피지선은 피부 부속선의 하나로 손, 발바닥을 제외한 전신에 분포하며 주로 두피, 얼굴, 가슴에 분포하고 있다. 피지선에서 만들어진 피지의 1일 분비량은 1~2g이다.

43 피지는 모(毛)를 미끄럽게 하며 모를 보호하고, 일부는 모낭벽을 따라 피부 표면에 퍼져 피부를 촉촉하게 하여 외부로부터 보호하며 살균, 소독, 보습의 역할을 한다. 피지의 산성도는?

① pH3.5~4.5 ② pH4.5~5.5
③ pH5.5~6.5 ④ pH6.5~7.5

TIP 피지선에서 만들어진 피지의 1일 분비량은 1~2g이며, pH 4.5~5.5의 약산성으로 보호막을 형성한다.

44 속눈썹의 색이 하얗게 변하는 원인으로 가장 거리가 먼 것은?

① 멜라닌이 적은 경우
② 멜라닌이 많은 경우
③ 노화가 진행된 경우
④ 백색증의 질환이 있는 경우

TIP 멜라닌 색소가 많은 경우, 검은색에 가까운 짙은 속눈썹 색으로 보인다.

45 속눈썹 모(毛)의 생장을 저해하는 요인이 아닌 것은?

① 영양소의 과잉 섭취
② 암 수술 후 항암치료
③ 혈액순환의 장애
④ 모유두의 기능 저하

TIP 영양소가 과잉 섭취된 경우, 일반적인 속눈썹의 성장 속도보다 빠를 수 있다.

정답
40. ③ 41. ② 42. ① 43. ② 44. ② 45. ①

46 평균적인 한국인의 속눈썹 두께는?

① 약 0.001~0.0015mm
② 약 0.01~0.015mm
③ 약 0.1~0.15mm
④ 약 1~1.5mm

TIP 속눈썹의 굵기와 길이는 인종, 성별, 나이, 환경 등에 따라 차이가 있으며, 평균적인 한국인의 속눈썹 두께는 0.1~0.15mm이다.

47 속눈썹의 평균 하루 성장 정도는?

① 약 0.01~0.018mm
② 약 0.1~0.18mm
③ 약 1~1.8mm
④ 약 10~18mm

TIP 속눈썹은 하루에 약 0.1~0.18mm 정도, 한 달에 약 5.4mm 정도로 성장한다.

48 속눈썹의 평균 수명은?

① 약 1~2개월
② 약 1~4개월
③ 약 3~6개월
④ 약 4~11개월

TIP 속눈썹은 보통 3~6개월의 주기로 생성과 자연적인 탈락을 반복한다. 속눈썹의 수명은 약 4~11개월로 속눈썹의 생성 속도와 기간, 수명은 사람마다 다르다.

49 뽑힌 속눈썹 자리에서 다시 성장하는 데 걸리는 시간은?

① 1~2주
② 4~5주
③ 7~8주
④ 10~11주

TIP 모낭이나 눈꺼풀에 손상 없이 속눈썹만 끊어졌을 때는 보통 6주 정도 걸려 다시 자라나지만, 뽑힌 속눈썹 자리에 다시 성장하는 것은 대략 7~8주 이상이 소요된다.

50 모낭이나 눈꺼풀에 손상 없이 속눈썹만 끊어졌을 때, 속눈썹이 다시 자라나는 기간은?

① 약 1주　② 약 4주
③ 약 6주　④ 약 9주

TIP 모낭이나 눈꺼풀에 손상 없이 속눈썹만 끊어졌을 때는 보통 6주에 걸쳐 다시 자란다.

51 속눈썹의 성장주기에 대한 연결로 바른 것은?

① 생장기 → 퇴행기 → 휴지기
② 퇴행기 → 휴지기 → 생장기
③ 휴지기 → 생장기 → 퇴행기
④ 생장기 → 휴지기 → 퇴행기

TIP 속눈썹의 성장은 생장기, 퇴행기, 휴지기의 3단계로 이루어진다.

정답
46. ③　47. ②　48. ④　49. ③　50. ③　51. ①

52 속눈썹에 관한 설명 중 퇴행기에 관한 설명으로 옳은 것은?

① 하루에 0.1~0.18mm 정도가 자라는 시기이다.
② 속눈썹의 성장이 멈추고 모낭이 축소되는 단계이다.
③ 속눈썹의 80~90%는 이 시기에 해당한다.
④ 속눈썹이 자연 탈모되고 다시 성장하기까지의 기간이다.

> TIP 속눈썹의 성장이 멈추고 모낭이 축소되는 단계이다. 성장기 이후 속눈썹의 형태를 유지하는 기간이며, 퇴행기는 약 2~3주 정도 지속된다. 이 단계에서 속눈썹이 빠지면 바로 다시 자라나기 어렵다.

53 속눈썹의 성장주기 중 휴지기의 기간은?

① 1주~2주
② 2주~3개월
③ 3개월~6개월
④ 6개월~1년

> TIP 속눈썹이 자연 탈모되고 다시 성장하기까지의 기간으로 약 2주~3개월 정도 지속된다. 휴지기 동안 모낭은 새로운 성장을 위한 준비를 하며, 속눈썹의 완벽한 대체는 약 4~8주 정도의 시간이 걸린다.

54 속눈썹의 성장주기 중 생장기의 기간은?

① 1~2주 ② 2~4주
③ 4~10주 ④ 10~14주

> TIP 생장기는 속눈썹이 활발하게 자라는 시기로 약 4~10주 동안 하루에 약 0.1~0.18mm 정도가 자란다. 80~90% 이상의 눈썹이 생장기에 속한다.

55 속눈썹의 성장주기 중 속눈썹의 성장이 멈추고 모낭이 축소되는 단계에 해당하는 것은?

① 생장기
② 퇴행기
③ 휴지기
④ 후퇴기

> TIP 퇴행기는 속눈썹의 성장이 멈추고 모낭이 축소되는 단계이다. 성장기 이후 속눈썹의 형태를 유지하는 기간이며, 퇴행기는 약 2~3주 정도 지속된다.

56 속눈썹의 성장주기에 관한 설명으로 틀린 것은?

① 생장기는 속눈썹이 활발하게 자라는 시기로 하루에 약 0.1~0.18mm 정도 자란다.
② 퇴행기 단계에는 속눈썹이 빠지면 바로 다시 자라나게 된다.
③ 속눈썹이 자연 탈모되고 다시 성장하는 시간은 약 2주~3개월 정도 지속된다.
④ 속눈썹이 다시 자라나는 완벽한 대체는 약 4~8주 정도의 시간이 걸린다.

> TIP 퇴행기는 약 2~3주 정도 지속된다. 이 단계에서 속눈썹이 빠지면 바로 다시 자라나기 어렵다.

57 속눈썹의 한 달 생장 길이는?

① 약 1.5mm ② 약 3.3mm
③ 약 5.4mm ④ 약 9.5mm

> TIP 속눈썹은 하루에 약 0.1~0.18mm 정도, 한 달에 약 5.4mm 정도로 성장한다.

정답
52. ② 53. ② 54. ③ 55. ② 56. ② 57. ③

58 모(毛)에 관한 설명으로 틀린 것은?

① 털은 모근과 모간으로 구분된다.
② 모유두는 모발의 성장을 조절한다.
③ 모모세포는 모발을 만드는 세포이다.
④ 모근부는 모표피, 모피질, 모수질의 3개 층이 있다.

TIP 모간부는 모근부 이외의 부분으로 모표피, 모피질, 모수질의 3개의 층으로 구성되어 있다.

59 교감신경의 흥분이나 추위에 의해 털이 곤두서는 현상은 피부의 어떤 부분의 작용인가?

① 한선
② 피지선
③ 입모근
④ 피하조직

TIP 입모근(立毛筋)은 교감신경의 흥분이나 한랭 등의 원인으로 수축하면 털을 직립에 가까운 상태로 세우고, 동시에 피지선을 압박하여 피부 표면에 좁쌀 모양의 소융기(Goose Skin)를 형성한다.

60 안구의 수정체가 혼탁해져서 시력장애를 일으키는 질병은?

① 결막염
② 녹내장
③ 백내장
④ 약시

TIP 백내장은 눈으로 들어온 빛이 수정체를 제대로 통과하지 못하게 되어 시야가 뿌옇게 보이는 증상이 나타난다. 노화를 비롯한 다양한 원인이 있으며, 심해지면 실명하게 된다.

61 안구 안의 안방수의 증가로 인한 압력 상승으로 인해 나타나는 눈의 질환은?

① 사시
② 녹내장
③ 결막염
④ 안검외반

TIP 시신경 위축증의 형태를 띠면서 망막 신경총 세포를 포함하여 시신경에 생기는 질환의 총칭이다. 주로 안구 안의 안방수의 증가로 인한 압력 상승과 관련이 있으며, 치료되지 않은 녹내장은 시력 저하에 영향을 준다.

62 눈꺼풀 피부를 포함한 연부조직이 처진 상태를 무엇이라 하는가?

① 녹내장
② 황반변성
③ 안검외반
④ 안검이완

TIP 눈꺼풀피부늘어짐증 또는 눈꺼풀피부처짐증이라고도 하며 노화, 눈의 지속적인 부종, 눈꺼풀의 반복적인 염증 등의 원인에 의해 피부 탄력이 떨어지면서 눈꺼풀이 처지는 현상이다.

63 눈꺼풀을 완전히 닫지 못하는 증상을 무엇이라 하는가?

① 토끼눈증 ② 안검하수
③ 안검외반 ④ 안구진탕증

TIP 토끼눈증(Lagophthalmos)은 눈꺼풀을 완전히 닫지 못하는 증상을 말한다. 수면 중의 토끼눈증은 야행성 토끼눈증이라 일컫는다.

정답
58. ④ 59. ③ 60. ③ 61. ② 62. ④ 63. ①

64 안구진탕증을 설명한 것으로 옳은 것은?

① 눈동자 떨림
② 눈꺼풀 처짐
③ 눈꺼풀 겉말림
④ 눈꺼풀 피부 늘어짐

TIP 아구진탕증은 무의식적으로 눈이 경련을 일으키듯 떨리고 움직이는 증상을 말한다.

65 눈물이 많이 나와 늘 눈 밑이 젖어 있는 눈의 질환은?

① 유루증
② 백내장
③ 토끼눈증
④ 안구진탕증

TIP 유루증(Epiphora)은 눈물흘림증이라고도 하며, 눈물이 많이 나와 눈 밑이 젖어 있는 상태를 말한다.

66 속눈썹 찌름에 의한 눈 질환으로, 비정상적으로 자란 속눈썹을 뽑아 해결할 수 있는 눈의 질환은?

① 약시
② 유루증
③ 토끼눈증
④ 안구진탕증

TIP 유루증(Epiphora)은 눈물흘림증이라고도 하며, 속눈썹 찌름에 의한 유루증이면 비정상적인 속눈썹을 뽑아 제거하는 것이 좋다.

67 탈모증, 뇌하수체 기능 저하, 갑상선 기능 저하, 잘못된 화장품 사용 등에 의한 부작용으로 나타날 수 있는 속눈썹 질환은?

① 유루증
② 첩모탈락증
③ 안구진탕증
④ 첩모탈락증

TIP 첩모탈락증은 속눈썹 탈락증으로 불리기도 한다.

68 속눈썹이 안구 쪽을 향해 자라나는 것으로, 각막을 찔러 이물감이 느껴질 수 있는 속눈썹 질환의 종류는?

① 첩모탈락증
② 첩모난생증
③ 다래끼
④ 백색증

TIP 속눈썹이 안구 쪽을 향해 자라는 것으로, 속눈썹이 각막을 찔러 이물감이 느껴지고 눈물이 나게 되는 질환으로 '속눈썹난생증'이라고도 한다.

69 다음의 속눈썹 질환 중 쌍꺼풀 수술(안검형성술)로 교정할 수 있는 것은?

① 첩모난생증　② 첩모탈락증
③ 모낭충　④ 안검염

TIP 속눈썹난생증으로도 불리는 첩모난생증은 안구 쪽을 향해 자란 속눈썹이 각막을 찌르는 질환으로, 속눈썹 전기 분해 또는 쌍꺼풀 수술(안검형성술) 등으로 교정할 수 있다.

정답
64. ① 65. ① 66. ② 67. ④ 68. ② 69. ①

70 피지선 또는 땀샘의 감염에 의해 속눈썹 부근에 나타나는 급성 화농성 질환은?

① 이열첩모
② 백색증
③ 모낭충
④ 다래끼

TIP 다래끼는 피지선 또는 땀샘의 감염에 의해 나타나는 급성 화농성 질환으로, 일반적으로 일주일 이내에 사라진다.

71 다음 중 모낭충이 유발하는 질환으로 가장 거리가 먼 것은?

① 탈모
② 여드름
③ 모낭염
④ 백색증

TIP 모낭충은 모낭 안쪽에 기생하며, 모낭 속 피지와 노폐물의 영양으로 기생하며 탈모뿐만 아니라 여드름 및 각종 피부질환을 유발한다.

72 멜라닌 합성이 결핍되는 선천성 유전질환으로 신체의 일부 또는 전체에 색소가 없는 질환은?

① 백색증
② 안검염
③ 모낭충
④ 이열첩모

TIP 주로 피부, 털에 색소가 없어 희게 나타나며, 눈에서만 나타나는 눈 백색증으로 나타나기도 한다.

73 모발과 속눈썹에 멜라닌 색소가 결핍된 질환을 무엇이라 하는가?

① 백내장
② 백모증
③ 눈 백색증
④ 녹내장

TIP 멜라닌 세포의 합성이 결핍되면 피부, 털에 색소가 없어 희게 나타나는 것을 백색증이라 한다. 그중 모발과 속눈썹에 나타나는 백색증은 백모증이라 하기도 한다.

74 안검염의 증상으로 가장 거리가 먼 것은?

① 눈곱
② 충혈
③ 눈물
④ 모낭충

TIP 안검염은 눈꺼풀과 속눈썹이 위치한 눈꺼풀 테두리에 염증이 생기는 질환으로 발적과 부종, 가려움, 딱지가 생기거나 진득한 눈곱이 생기고, 충혈, 이물감 및 눈물 흘림 등의 안구 표면 자극 증상이 나타날 수 있다.

75 다음 중 가장 이른 시일 안에 사라질 수 있는 속눈썹 질환은

① 백색증
② 안검염
③ 다래끼
④ 모낭충

TIP 다래끼는 피지선 또는 땀샘의 감염에 의해 나타나는 급성 화농성 질환으로, 일반적으로 일주일 이내에 사라진다.

정답
70. ④ 71. ④ 72. ① 73. ② 74. ④ 75. ③

76 망막에 노란 침착물이 시력을 방해하고, 심할 경우 실명에 이르게 되는 눈의 질환은?

① 안검이완 ② 황반변성
③ 안검하수 ④ 유루증

TIP 황반변성(Macular Degeneration)은 노화, 유전, 염증 독성 등에 의해 망막의 중심부에 위치한 신경조직인 황반에 이상이 일어나는 현상이다.

77 눈꺼풀올림근의 근육 문제로 눈을 뜨는 힘이 약해지거나 눈꺼풀 피부 탄력의 저하로 인조 속눈썹 연출을 하기 힘든 눈은?

① 안검하수 ② 이열첩모
③ 토끼눈증 ④ 안구진탕증

TIP 안검하수(Ptosis)는 선천적 또는 노화에 의한 눈꺼풀올림근 등 근육의 문제로 눈을 뜨는 힘이 약해지거나 눈꺼풀 피부 탄력의 저하로 피부가 축 늘어지면서 눈을 덮는 경우를 말한다.

78 다음 중 탈모에 관한 설명으로 가장 거리가 먼 것은?

① 탈모의 원인에는 스트레스, 약물치료, 수술, 출산 등이 있다.
② 탈모는 모발뿐 아니라 속눈썹, 수염에도 나타날 수 있다.
③ 탈모는 유전적인 영향으로 선천성 탈모만 나타난다.
④ 탈모는 호르몬 분비 정도에 따라 나타나기도 한다.

TIP 탈모는 선청성 탈모(유전)와 후천성 탈모(스트레스, 약물치료 등)가 있다.

79 털이 자라지 않는 신체 부위는?

① 발
② 손가락
③ 발바닥
④ 가슴

TIP 손바닥과 발바닥에는 털이 자라지 않는다.

80 속눈썹 탈모 및 손상과 관련이 없는 것은?

① 수영
② 찜질방
③ 마스카라
④ 콘택트렌즈

TIP 잦은 수영과 사우나, 마스카라 사용 등은 속눈썹을 손상시킬 수 있다.

81 속눈썹 모근부의 감염에 의해 급성 화농성 질환으로 나타나는 질환은?

① 다래끼
② 결막염
③ 유루증
④ 백색증

TIP 피지선 또는 땀샘의 감염에 의해 나타나는 급성 화농성 질환으로 일반적으로 일주일 이내에 사라진다.

정답 76. ② 77. ① 78. ③ 79. ③ 80. ④ 81. ①

Chapter 02 속눈썹 연장 재료 · 도구와 디자인

01 국민의 생명과 재산을 지키기 위해 법으로 정한 특정 제품을 유통, 판매 시 반드시 제품에 표시되어야 하는 마크로 안전, 보건, 환경, 품질 등의 강제 인증 분야에 국가적으로 단일화한 표시는?

① KA
② KC
③ KF
④ KS

TIP KC 마크는 Korea Certification의 약자로 안전, 보건, 환경, 품질 등의 강제 인증 분야에 국가적으로 단일화한 표시이다.

02 합성섬유로 만든 원사를 열가공 처리하여 부드러운 탄성과 자연스러운 광택이 특징인 가모(假毛)는?

① 인모
② 천연모
③ 실크모
④ 단백질모

TIP 합성섬유로 만든 원사를 열가공 처리하여 부드러운 탄성과 자연스러운 광택이 특징인 가모(假毛)로, 실제 실크 원사는 아니며 가장 흔하게 사용된다.

03 동물의 털을 이용하여 만든 것으로 합성섬유보다 가볍고 자연스러운 가모(假毛)는?

① 인모 ② 실크모
③ 천연모 ④ 단백질모

TIP 동물의 털을 이용하여 만든 것으로 합성섬유보다 가볍고 자연스러우며, 속눈썹에 접착력이 좋다.

04 사람 머리카락의 큐티클 라인을 이용하여 만든 가모(假毛)는?

① 인모 ② 실크모
③ 천연모 ④ 단백질모

TIP 사람 머리카락의 큐티클 라인을 이용하여 만든 가모(假毛)로, 유지 기간이 길고 가벼운 장점이 있다.

05 가볍고 자연스러운 장점이 있으나 모의 상태가 불규칙한 단점이 있는 가모(假毛)는?

① 인모
② 실크모
③ PVC모
④ 단백질모

TIP 인모와 천연모는 모의 상태가 불규칙하고 가공 과정이 어려워 단가가 높다.

정답 01. ② 02. ③ 03. ③ 04. ① 05. ①

06 다음 중 컬의 각도가 가장 큰 가모(假毛)는?

① J컬
② JC컬
③ C컬
④ CC컬

> **TIP** CC컬은 C컬보다 컬의 각도가 더 큰 형태로, 아이래시 컬러로 올린 듯 가장 풍성한 볼륨감과 컬링감을 기대할 수 있다.

07 고객의 속눈썹이 직모일 때, 교정용으로 사용하기 좋은 가모(假毛)는?

① C컬
② CC컬
③ W래쉬
④ L컬

> **TIP** CC컬은 아이래시 컬러로 올린 듯 풍성한 볼륨감과 컬링감이 특징이며, 속눈썹이 직모일 때 교정용으로 사용한다.

08 컬의 각도에 따른 순서로 알맞은 것은?

① C컬 〉 J컬 〉 CC컬 〉 JC컬
② JC컬 〉 CC컬 〉 C컬 〉 J컬
③ CC컬 〉 JC컬 〉 C컬 〉 J컬
④ CC컬 〉 C컬 〉 JC컬 〉 J컬

> **TIP** J컬은 가장 일반적으로 사용되는 컬이며, JC컬, C컬, CC컬의 순서로 컬의 각도가 커진다.

09 속눈썹이 앞으로 돌출된 듯 치켜 올라간 느낌으로 시술할 수 있는 가모(假毛)는?

① Y래쉬
② CC컬
③ W컬
④ L컬

> **TIP** L컬은 컬이 L자 모양으로 살짝 꺾여 있는 형태이다.

10 고객의 속눈썹 숱이 적을 경우 사용하기 가장 적합한 가모(假毛)는?

① C컬
② L컬
③ Y래쉬
④ CC컬

> **TIP** 가모의 형태가 두 가닥으로 Y자 모양으로 되어 있으며, 속눈썹 숱이 풍성해 보인다.

11 끝이 세 가닥으로 된 형태의 가모(假毛)는?

① T래쉬
② W래쉬
③ Y래쉬
④ Z래쉬

> **TIP** W래쉬는 가모의 끝이 세 가닥으로 된 형태로 속눈썹 숱이 적을 경우 사용하면 풍성함을 기대할 수 있다.

정답 06. ④ 07. ② 08. ④ 09. ④ 10. ③ 11. ②

12 가모(假毛)의 섬유 원사의 일반적인 단위는?

① 데니어
② 텍스
③ 미터
④ 센티미터

TIP 가모(假毛)의 섬유 원사의 단위는 데니어(D=denier)를 사용한다.

13 일반적인 가모 굵기의 범위에 있는 것은?

① 0.001mm
② 0.01mm
③ 0.1mm
④ 1mm

TIP 가모의 굵기는 0.05~0.25mm까지 다양하다.

14 가장 많이 사용되는 가모(假毛)의 굵기는?

① 0.01~0.015mm
② 0.10~0.15mm
③ 1~1.5mm
④ 10~15mm

TIP 가모의 굵기는 0.05~0.25mm까지 다양하며, 가장 많이 사용되는 굵기는 0.10~0.15mm이다.

15 시술 전 속눈썹에 붙어 있는 이물질이나 유분기를 제거하기 위해 사용하는 것은?

① 패치　② 글루
③ 팔레트　④ 전처리제

TIP 시술 전 속눈썹에 붙어 있는 이물질이나 유분기를 제거하는 전 처리 작업에 사용된다. 전처리 작업 후 위생적인 상태에서 시술하면 가모의 지속력이 높아진다.

16 속눈썹 글루(Glue) 보관법에 관한 설명으로 틀린 것은?

① 화기 주변을 피해서 보관한다.
② 반드시 눕혀서 실내 서늘한 곳에 보관한다.
③ 유통기한, 사용기한 내에 보관 · 사용하도록 한다.
④ 사용 후 입구 부분을 잘 닦아내고 뚜껑을 닫아 보관한다.

TIP 글루는 세워서 실내 서늘한 곳에 보관하도록 한다.

17 속눈썹 연장 작업 시 사용하는 전처리제의 역할로 틀린 것은?

① 속눈썹을 코팅하는 역할
② 속눈썹에 묻은 이물질을 제거하는 역할
③ 속눈썹에 붙은 화장품을 닦아내는 역할
④ 속눈썹의 유분을 닦아내는 역할

TIP 전처리제는 시술 전 속눈썹에 붙어 있는 이물질이나 유분기, 화장품을 제거하기 위하여 사용한다.

정답 12. ①　13. ③　14. ②　15. ④　16. ②　17. ①

18 가모 시술 시 위 속눈썹과 아래 속눈썹이 서로 달라붙지 않게 하려고 사용하는 것은?

① 아이패치 ② 글루 리무버
③ 전처리제 ④ 우드스틱

TIP 아이패치가 등장하기 전에는 위생 테이프 등을 사용하기도 하였으나 최근에는 피부를 고려한 다양한 아이패치가 나와 사용이 편리해졌다.

19 핀셋의 관리 방법으로 가장 옳은 것은?

① 먼지가 묻지 않도록 사용 후 바로 케이스에 보관한다.
② 핀셋은 위생을 위해 일회용으로 사용한다.
③ 자외선 소독기에 넣어 소독 후 사용한다.
④ 소독을 위해 불에 지져 사용한다.

TIP 핀셋은 위생적으로 사용해야 하며, 자외선 소독 또는 알코올 소독을 하도록 한다.

20 속눈썹 연장 글루의 관리 방법으로 틀린 것은?

① 글루는 사용 후 습기를 피해 케이스에 보관하도록 한다.
② 글루는 사용 전 많이 흔들어서 사용하도록 한다.
③ 굳은 글루는 사용하지 말고 폐기 처분한다.
④ 인체 온도와 유사한 36℃에 보관한다.

TIP 글루는 온도와 습도에 의해 경화될 수 있으므로 시원한 곳에 산소를 최대한 피해 보관하며, 개봉 후 이른 시일 내에 사용하는 것이 좋다.

21 속눈썹 연장 시 아이패치나 테이프를 붙인다. 그 역할로 가장 거리가 먼 것은?

① 속눈썹 연장 작업을 쉽게 하려고
② 핀셋이 피부에 바로 닿지 않게 하려고
③ 고객의 눈 건강을 위해
④ 윗눈썹과 아랫눈썹이 붙지 않게 하려고

TIP 아이패치나 테이프는 속눈썹을 서로 붙지 않게 하고 안전하게 시술하기 위해 사용한다.

22 시술 시 글루를 덜어 사용하는 제품은?

① 패치
② 팔레트
③ 글루 리무버
④ 전처리제

TIP 팔레트는 시술 시 글루를 덜어 사용하는 제품으로 글루 양을 조절하기 편하다.

23 속눈썹 연장 시술 전 알코올 소독 또는 자외선 소독을 해야 하는 도구는?

① 핀셋
② 패치
③ 우드스틱
④ 눈썹 브러시

TIP 재질이 스테인리스(Stainless)로 되어 있는 핀셋, 가위 등은 시술 전 알코올 소독을 하도록 한다.

정답
18. ① 19. ③ 20. ④ 21. ③ 22. ② 23. ①

24 속눈썹 연장 시술 시 가모의 접착력을 높여 주기 위한 재료는?

① 마스카라
② 립앤아이 리무버
③ 글루 리무버
④ 전처리제

TIP 전처리제는 시술 전 속눈썹에 붙어 있는 이물질이나 유분기, 화장품을 제거하기 위하여 사용하며, 가모의 접착력을 높여준다.

25 눈썹 연장 작업 시 소독하지 않아도 되는 도구는?

① 가위
② 핀셋
③ 글루
④ 팔레트

TIP 재질이 스테인리스(Stainless)로 되어 있는 핀셋, 가위 등은 시술 전 알코올 소독을 하도록 한다.

26 소독제의 구비조건과 거리가 먼 것은?

① 소량으로도 살균력이 강해야 한다.
② 물품에 표백성이 있어야 한다.
③ 안정성이 있어야 한다.
④ 인체에 해가 없어야 한다.

TIP 소독제는 물품의 부식성, 표백성(색이 변하는 성질)이 없어야 한다.

27 소독할 때, 소독 효과가 강한 순서는?

① 멸균 〉 방부 〉 소독
② 소독 〉 방부 〉 멸균
③ 방부 〉 멸균 〉 소독
④ 멸균 〉 소독 〉 방부

TIP 멸균은 모든 미생물을 사멸하며, 소독은 아포를 제외한 병원성 미생물을 죽인다. 방부는 미생물을 억제시키는 것이다.

28 속눈썹 글루에 관한 설명으로 가장 옳은 것은?

① 글루는 많이 발라야 튼튼하게 접착된다.
② 굳으면 접착성이 더 좋아지므로 살짝 굳혀 사용한다.
③ 자외선 아래 보관하도록 한다.
④ 개봉 후 2~3주 안에 사용하도록 한다.

TIP 속눈썹 글루는 온도, 습도에 민감하게 반응하여 굳을 수 있으므로 개봉 후 이른 시일 내에 사용하도록 한다.

29 소극적인 이미지를 가진 눈으로 길고 풍성하게 가모를 연장해주는 것이 좋은 눈의 형태는?

① 쌍꺼풀이 큰 눈
② 동그란 눈
③ 올라간 눈
④ 작은 눈

TIP 작은 눈은 모델 속눈썹 길이의 1.5배 정도의 가모를 사용하여 길고 풍성하게 디자인하면 눈이 커 보이는 효과가 있다.

정답
24. ④ 25. ③ 26. ② 27. ④ 28. ④ 29. ④

30 눈꼬리 부분에 10~12mm의 긴 가모를 사용하는 것을 추천하는 눈의 형태는?

① 외겹 눈
② 길고 가느다란 눈
③ 올라간 눈
④ 쌍꺼풀이 큰 눈

TIP 길고 가느다란 눈은 이지적 이미지를 가지나, 다소 차갑거나 답답하게 보일 수 있다. 중앙의 눈동자 부분에 포인트를 두고, 눈꼬리 부분도 약간 긴 가모를 사용하여 시원해 보이도록 디자인하여 차가운 이미지를 보완한다.

31 눈꼬리가 많이 처진 고객에게 가장 잘 어울리는 속눈썹 디자인은?

① 눈 앞머리에 조금 긴 가모를 붙인다.
② 눈 중앙에 조금 짧은 가모를 붙인다.
③ 눈 앞머리에 조금 짧은 가모를 붙인다.
④ 눈꼬리에 조금 짧은 가모를 붙인다.

TIP 눈꼬리 쪽 속눈썹이 길면 눈이 더 처져 보이므로 다소 짧은 속눈썹을 붙이는 것이 좋다.

32 눈꼬리 부분이 강조되지 않도록 짧은 가모를 디자인하기 좋은 눈의 형태는?

① 큰 눈　　② 동그란 눈
③ 올라간 눈　　④ 튀어나온 눈

TIP 올라간 눈은 액티브한 이미지를 가지나, 강하고 사나운 이미지로 보일 수 있다. 끝부분이 강조되지 않도록 짧은 가모를 디자인하여 전체적인 균형을 맞춰서 부드러운 이미지로 디자인한다.

33 눈꼬리 부분에 CC컬의 짧은 길이를 사용하여 디자인하는 것을 추천하는 눈의 형태는?

① 처진 눈　　② 동그란 눈
③ 올라간 눈　　④ 튀어나온 눈

TIP 눈매가 처진 부분을 길게 하면 더 처져 보이므로 시작과 중간 부분에 포인트를 두고 처진 부분에는 CC컬의 짧은 길이를 사용하여 디자인한다.

34 중앙 눈동자 부분에 포인트를 두고 전체적으로 컬이 풍성한 가모를 사용하여 현대적인 이미지를 연출하는 것을 추천하는 눈의 형태는?

① 처진 눈
② 외겹 눈
③ 올라간 눈
④ 쌍꺼풀이 큰 눈

TIP 외겹 눈은 동양적이고 고전적인 이미지로 보인다. 전체적으로 컬이 풍성한 가모를 사용하여 현대적인 이미지를 연출하는 것이 좋다.

35 양쪽 눈의 시작 부분에 가모의 포인트를 두는 것이 추천되는 눈의 형태는?

① 올라간 눈
② 쌍꺼풀이 큰 눈
③ 미간 사이가 좁은 눈
④ 미간 사이가 넓은 눈

TIP 양쪽 눈의 시작 부분에 포인트를 두어 넓은 미간 사이가 좁혀 보이도록 디자인한다.

정답
30. ②　31. ④　32. ③　33. ①　34. ②　35. ④

36 양쪽 눈의 눈꼬리 부분에 가모의 포인트를 두는 것이 추천되는 눈의 형태는?

① 미간 사이가 좁은 눈
② 미간 사이가 넓은 눈
③ 쌍꺼풀이 큰 눈
④ 균형이 잡힌 눈

> TIP 미간 사이가 넓은 눈과 반대로 양쪽 눈의 끝부분에 포인트를 두어 시각적으로 미간이 넓어 보이도록 디자인한다.

37 속눈썹 가모 선택 시 유의해야 할 사항이 아닌 것은?

① 고객의 눈매 형태에 따라 길이를 선택한다.
② 고객이 원하는 디자인을 고려한다.
③ 트렌드에 따라 긴 기장의 가모만을 사용한다.
④ 고객 속눈썹의 두께, 길이를 고려한다.

> TIP 고객의 눈 형태, 속눈썹 상태, 선호 이미지 등을 고려하여 속눈썹 가모를 선택한다.

38 눈 사이의 균형감이 떨어져 허술해 보이는 이미지로 보일 수 있는 눈의 형태는?

① 올라간 눈
② 미간 사이가 넓은 눈
③ 미간 사이가 좁은 눈
④ 튀어나온 눈

> TIP 미간 사이가 매우 넓을 경우, 눈 사이의 균형감이 떨어져 허술해 보이는 이미지로 보일 수 있다.

39 눈이 강조되지 않도록 J컬을 사용하여 자연스럽게 시술하는 것이 추천되는 눈의 형태는?

① 처진 눈
② 동그란 눈
③ 올라간 눈
④ 튀어나온 눈

> TIP 튀어나온 눈은 강하고 도전적인 이미지로 보일 수 있다. 눈이 강조되지 않도록 자연스러운 컬을 사용한다.

40 길고 가느다란 눈이 가지는 이미지는?

① 액티브 이미지
② 이지적 이미지
③ 귀여운 이미지
④ 부드러운 이미지

> TIP 길고 가느다란 눈은 이지적 이미지를 가지나, 다소 차갑거나 답답하게 보일 수 있다.

41 동그란 눈의 앞머리에 9~10mm 가모를 연장하였다. 눈동자 중앙 부위의 길이로 적합한 것은

① 7~8mm
② 8~9mm
③ 10~11mm
④ 12~13mm

> TIP 눈꼬리 부분으로 갈수록 긴 가모를 사용하여 중간의 둥근 부분과 어울리도록 시술하는 것이 포인트이다. 중간 부분에 포인트를 두면 더 동그란 눈이 되므로 전체적인 균형을 생각하여 디자인한다.

정답 36. ① 37. ③ 38. ② 39. ④ 40. ② 41. ③

42 귀여운 이미지를 표현하기 위한 속눈썹 디자인으로 적합한 것은?

① 눈이 길어 보이도록 눈꼬리가 긴 속눈썹을 연출한다.
② 눈이 동그랗게 보이도록 가운데 부분에 포인트를 준다.
③ 눈이 크게 보이도록 눈 앞머리에 긴 가모를 붙인다.
④ 눈이 작아 보이도록 눈꼬리에 긴 가모를 붙인다.

TIP 귀여운 이미지를 연출하기 위하여 눈이 동그랗게 보이도록 가운데 부분에 가장 길고 짙은 가모를 사용하여 포인트를 준다. 검은 눈동자 부분이 확대 연결되는 느낌을 주게 되어 귀엽고 동그란 눈으로 보이게 한다.

43 귀여운 이미지를 표현하기 위한 속눈썹 연장 방법으로 적합한 것은?

① 눈 앞머리에 굵은 가모를 사용한다.
② 눈꼬리에 얇고 가벼운 가모를 사용한다.
③ 본래 속눈썹보다 짧고 볼륨감이 있는 가모를 사용한다.
④ 본래 속눈썹보다 길고 컬링이 있는 가모를 사용한다.

TIP 전체적으로 본래 속눈썹보다 길고 볼륨감과 컬링이 있는 가모를 사용하여 우아하고 여성스러운 이미지로 연출할 수 있다.

44 눈 중앙 부위에서 눈꼬리로 갈수록 길고 짙은 가모를 사용하였을 때, 눈이 가지는 이미지는?

① 섹시 이미지 ② 귀여운 이미지
③ 내추럴 이미지 ④ 에스닉 이미지

TIP 눈의 중앙 부위에서 뒤로 갈수록 길고 짙은 가모를 사용하여 2/3 지점부터 포인트를 두면 섹시하고 관능적인 이미지를 연출할 수 있다.

45 모던한 눈 이미지를 만들기 위한 속눈썹 연장으로 가장 적합한 것은?

① 눈 가운데 부분을 강조한다.
② 매우 풍성한 가모를 사용한다.
③ 내추럴 스타일보다 조금 더 진한 가모를 사용한다.
④ 볼륨감과 컬링이 강한 가모를 눈꼬리에 연출한다.

TIP 현대적인 이미지를 위해 내추럴 스타일보다 조금 더 진한 가모를 사용하여 전체적으로 자연스럽게 연출한다. 눈이 또렷해지면 인상이 또렷해 보여 모던하고 도시적인 이미지로 보이게 된다.

46 민속적이고 화려한 이미지를 무엇이라 하는가?

① 모던 이미지
② 에스닉 이미지
③ 엘레강스 이미지
④ 소피스트케이트 이미지

TIP 에스닉(Ethnic)이란 민속적, 민족적인 이미지이다.

정답 42. ② 43. ④ 44. ① 45. ③ 46. ②

47 화려한 이미지를 표현하기 위한 속눈썹 연장 방법으로 가장 거리가 먼 것은?

① 두꺼운 직모 느낌의 가모를 사용한다.
② 풍성하고 컬링이 강한 가모를 사용한다.
③ 가모 끝부분이 밝은색으로 염색된 가모를 사용한다.
④ 비즈, 글리터, 깃털 등의 오브제가 달린 가모를 사용한다.

TIP 화려하고 강조되는 이미지를 위해 매우 풍성하거나, 투톤(Two Tone) 컬러의 가모를 사용하고, 오브제를 활용하기도 한다.

48 투 톤(Two Tone) 컬러의 가모를 사용하면 잘 어울리는 속눈썹 디자인의 이미지는?

① 모던 이미지
② 화려한 이미지
③ 내추럴 이미지
④ 엘레강스 이미지

TIP 화려한 이미지를 표현하기 위해 매우 풍성하거나, 투톤(Two Tone) 컬러의 가모를 사용하고, 오브제를 활용하기도 한다.

49 섹시 이미지의 속눈썹 연출 시, 가장 긴 가모를 붙여야 하는 부분은?

① 눈 앞머리 포인트
② 눈 중앙 포인트
③ 눈 2/3 포인트
④ 눈꼬리 포인트

TIP 섹시 이미지는 눈의 중앙 부위에서 뒤로 갈수록 길고 짙은 가모를 사용하여 2/3 지점부터 포인트를 두어 섹시하고 관능적인 이미지를 연출한다.

50 에스닉 이미지에 가장 잘 어울리는 속눈썹 디자인은?

① 컬링이 강한 가모를 사용한다.
② 눈 가운데 부분에 두꺼운 속눈썹으로 강조한다.
③ 얇은 가모를 사용하여 자연스럽게 연출한다.
④ 길고 짧은 가모를 반복 사용하여 연출한다.

TIP 민속적이고 화려한 이미지의 에스닉 이미지에 어울리는 속눈썹은 길고 짧은 가모를 반복 사용하여 연출하면 효과적이다.

51 XO 인조 속눈썹이 가장 잘 어울리는 이미지는?

① 귀여운 이미지
② 에스닉 이미지
③ 내추럴 이미지
④ 엘레강스 이미지

TIP X자로 교차하는 속눈썹은 풍성함이 특징이며, 눈을 동그랗게 보이게 하므로 귀여운 이미지를 연출하기 좋다.

정답 47. ① 48. ② 49. ④ 50. ④ 51. ①

52 미간 사이가 넓은 경우, 가장 잘 어울리는 속눈썹의 길이는?

㉠ 앞머리의 속눈썹 길이 ㉡ 중앙의 속눈썹 길이 ㉢ 눈꼬리의 속눈썹 길이

① ㉠ 9~10mm, ㉡ 10~11mm, ㉢ 8mm
② ㉠ 8mm, ㉡ 9~10mm, ㉢ 12~13mm
③ ㉠ 10~11mm, ㉡ 10~11mm, ㉢ 10~11mm
④ ㉠ 8mm, ㉡ 10~11mm, ㉢ 12~13mm

TIP 양쪽 눈의 시작 부분에 포인트를 두어 넓은 미간 사이가 좁혀 보이도록 디자인한다.

정답
52. ①

Chapter 03 속눈썹 연장 실기

01 다음 중 속눈썹 연장 실기 재료에 해당되지 않는 것은?

① 전처리제
② 마이크로 브러시
③ 실리콘 롯드
④ 인증 글루

TIP 실리콘 롯드는 속눈썹 펌에 사용되는 재료이다. 속눈썹 연장 실기 재료에 해당되는 재료에는 인증글루, 핀셋, 가속눈썹, 전처리제, 리무버, 마이크로 브러시, 글루판, 아이패치 등이 있다.

02 속눈썹 연장을 위한 사전 준비로 틀린 것은?

① 책상 위에 흰색 수건을 깔고, 재료를 정리해서 준비한다.
② 위생 쟁반과 도구 트레이를 이용하여 준비물을 가지런히 세팅한다.
③ 위생 봉투를 책상에 부착하여 쓰레기를 수거할 수 있도록 한다.
④ 시술자는 흰색 위생 가운을 입고 흰색 마스크와 터번을 착용한다.

TIP 시술자는 흰색 위생 가운과 흰색 마스크, 그리고 위생모를 착용한다. 머리는 흘러내리지 않게 정갈하게 묶고 시술에 방해되는 액세서리는 하지 않는다. 터번은 모델에게 착용한다.

03 속눈썹 연장 사전 준비로 연장용 마네킹의 올바른 상태는?

① 마네킹은 표식이 없는 깨끗한 상태로 준비한다.
② 마네킹에는 속눈썹 연장이 되어 있지 않아야 한다.
③ 마네킹에는 연장 실습용 기본형 인조 속눈썹만 부착된 상태이어야 한다.
④ 아이패치는 실기 시작 전에 눈매 모양에 맞게 잘라서 부착해 놓는다.

TIP 아이패치는 실기 시작 후에 부착한다. 실시 시작 후, 소독부터 전처리제 그리고 연장까지 제한된 시간 안에 완성한다.

04 속눈썹 연장 실기 준비를 위한 유의사항으로 맞지 않는 것은?

① 마네킹의 눈 크기에 맞게 인조 속눈썹의 가로 길이를 잘라 조절하고, 접착제를 바른 후 적절한 위치에 부착한다.
② 눈매의 곡선에 맞추어 아이패치를 인조 속눈썹보다 아래 적절한 위치에 부착한다.
③ 솜에 알코올을 묻혀 마네킹도 소독한다.
④ 핀셋 외 도구들은 소독하지 않아도 재사용이 가능하다.

TIP 핀셋 외 도구들은 알코올을 이용하여 소독하거나 자외선 소독기를 이용하여 반드시 소독하고 사용해야 한다.

01. ③ 02. ④ 03. ④ 04. ④

05 핀셋 사용법으로 옳지 않은 것은?

① 시술하고자 하는 가모의 중앙에 있는 한 올만 붙일 수 있도록 핀셋으로 가른다.
② 핀셋은 한 손으로만 잡는다.
③ 가모는 꺾이지 않도록 부드럽게 잡는다.
④ 속눈썹은 일자핀셋, 가모는 곡자핀셋으로만 잡는다.

TIP 핀셋은 양손으로 잡고 일반적으로 속눈썹은 일자핀셋, 가모는 곡자핀셋으로 잡는다.

06 속눈썹 연장 실기 방법이 옳게 나열된 것은?

① 마네킹의 눈 크기에 맞게 속눈썹 부착 – 아이패치 부착 – 소독 – 전처리제 처리 – 핀셋과 글루를 사용하여 가모 부착
② 아이패치 부착 – 마네킹의 눈 크기에 맞게 속눈썹 부착 – 소독 – 전처리제 처리 – 핀셋과 글루를 사용하여 가모 부착
③ 소독 – 전처리제 처리 – 아이패치 부착 – 마네킹의 눈 크기에 맞게 속눈썹 부착 – 핀셋과 글루를 사용하여 가모 부착
④ 마네킹의 눈 크기에 맞게 속눈썹 부착 – 소독 – 아이패치 부착 – 전처리제 처리 – 핀셋과 글루를 사용하여 가모 부착

TIP 마네킹의 눈 크기에 맞게 속눈썹 부착 – 아이패치 부착 – 소독 – 전처리제 처리 – 핀셋과 글루를 사용하여 가모 부착 순서로 실기 시술을 준비한다.

07 작업 도중 글루가 피부에 묻었을 때, 무엇으로 제거하는 것이 좋은가?

① 핀셋 ② 면봉
③ 리무버 ④ 스크루 브러시

TIP 피부에 묻은 글루는 글루 리무버로 제거하도록 한다.

08 글루 사용법으로 옳지 않은 것은?

① 충분하게 흔들어 섞은 후 적당한 양을 글루판에 짜놓는다.
② 가모에 글루를 바를 때에는 가모의 3분의 1 정도만 글루가 닿을 수 있도록 천천히 담그고 빼낸다.
③ 가모에 방울이 생길 정도로 글루 양을 조절한다.
④ 피부에 글루 접촉 시 알레르기 및 피부염을 유발할 수 있으며, 눈썹 뿌리에 글루가 닿으면 굳어서 눈이 무겁고 아플 수 있으니 유의한다.

TIP 가모에 방울이 생기지 않도록 조절한다. 멍울이 있을 시에는 글루를 덜어내야 한다.

09 가모를 붙일 때의 주의사항으로 옳지 않은 것은?

① 글루가 흘러서 피부에 접착되는 점을 주의한다.
② 피부에 글루 접촉 시 알레르기 및 피부염을 유발할 수 있다.
③ 글루의 양이 많아야 가모와 속눈썹이 오래 붙어 있을 수 있다.
④ 뿌리에 글루가 닿으면 굳어서 눈이 무겁고 아프다.

TIP 글루의 양이 많으면 흘러내려서 피부에 접촉될 수 있다. 피부에 접촉 시 알레르기 및 피부염을 유발할 수 있으니 주의해야 한다.

정답
05. ② 06. ① 07. ③ 08. ③ 09. ③

10 가모를 붙이는 방법으로 옳지 않은 것은?

① 가모와 부착할 속눈썹과의 각도는 일자(평행)를 유지한다.
② 뿌리가 뜨지 않게 시술하여야 한다.
③ 핀셋을 위로 들어 올린다.
④ 핀셋으로 가모의 3분의 2지점을 잡은 후 가슴 방향으로 정면을 향해 들어 올린다.

TIP 핀셋을 위로 올리지 않는다.

11 속눈썹 연장 실기 시 유의사항으로 옳지 않은 것은?

① 가모는 굵기 0.10mm 또는 0.15mm, 길이 5~10mm의 J컬, JC컬, C컬을 사용한다.
② 전처리제 도포 시 우드 스파츌라를 속눈썹 아래에 받치고 닦아낸다.
③ 가모 시술 시 모근에서부터 최소 0.1mm 떼어서 부착하고 일정한 간격을 유지한다.
④ 반드시 한 가닥에 한 올씩 1:1로 부착한다.

TIP 가모는 굵기 0.15mm 또는 0.20mm, 길이 8~12mm의 J컬, JC컬, C컬을 사용한다.

12 속눈썹 연장 실기 내추럴 스타일의 시술 방법 및 순서의 설명으로 옳지 않은 것은?

① 5~6mm의 인조 속눈썹이 부착된 마네킹을 준비한다.
② 우드 스파츌라를 이용하여 마이크로 브러시 또는 면봉으로 전처리제를 고르게 도포한다.
③ 인조 속눈썹의 중앙에 12mm의 가모로 기준을 잡아준다. 이때 반드시 속눈썹 뿌리에서 0.1~0.2mm의 간격을 띄우고 시술한다.
④ 눈썹 앞머리까지 꽉 채워서 가모를 붙여야 하며, 속눈썹 앞머리는 8mm, 꼬리는 9mm로 시술한다.

TIP 눈썹 앞머리 2~3가닥에는 가모를 붙이지 않는다.

13 핀셋 사용법의 설명으로 옳지 않은 것은?

① 시술하고자 하는 가모의 중앙에 있는 한 올만 붙일 수 있도록 핀셋으로 가른다.
② 속눈썹을 가를 때에는 핀셋을 눕혀서 잡는다.
③ J컬, JC컬 가모 잡는 위치는 가모의 뿌리에서 3분의 2 정도 위치에 핀셋을 고정한다. 이때 핀셋은 45도 각도를 유지한다.
④ C컬 가모 잡는 위치는 가모의 뿌리에서 중간 위치에 고정한다. 이때 핀셋은 45도 각도를 유지한다.

TIP 속눈썹을 가를 때에는 핀셋을 세워 잡아야 한 올씩 가르기 편하다.

14 속눈썹 연장 작업 시 시술자의 올바른 자세는?

① 고객의 안전을 보장하는 범위에서 작업한다.
② 작업 도중 절대로 말을 하지 않는다.
③ 동시에 여러 고객에게 시술한다.
④ 시술자가 편하도록 작업대를 셋팅한다.

TIP 속눈썹 연장 시에는 글루, 핀셋 등을 사용하므로 고객의 안전을 최우선으로 둔다.

정답 10. ③ 11. ① 12. ④ 13. ② 14. ①

15 속눈썹 시술 순서로 가장 적절한 것은?

> ㉠ 속눈썹 시술
> ㉡ 전처리제 처리
> ㉢ 아이패치 부착
> ㉣ 눈썹빗으로 정리

① ㉠ – ㉡ – ㉢ – ㉣
② ㉡ – ㉣ – ㉠ – ㉢
③ ㉢ – ㉡ – ㉠ – ㉣
④ ㉣ – ㉠ – ㉢ – ㉡

TIP 속눈썹 작업 시, 아이패치를 부착한 후 전처리제를 처리한다.

16 속눈썹 연장 기본형(부채형)의 기준점으로 옳지 않은 것은?

① 인조 속눈썹의 중앙에 12mm의 가모로 기준을 잡아준다. 이때 반드시 속눈썹 뿌리에서 0.1~0.2mm의 간격을 띄우고 시술한다.
② 속눈썹 앞머리 2~3가닥에는 가모를 붙이지 않으며, 속눈썹 앞머리는 8mm로 시술한다. 속눈썹 꼬리는 9mm로 시술한다.
③ 핀셋으로 인조 속눈썹을 가르고, 한 올에 3가닥씩 붙인다.
④ 속눈썹 앞머리부터 8, 9, 10, 11, 12, 11, 10, 9mm의 길이 순서로 시술하며, 길이별로 기준점을 잡아주며 시술하는 것이 좋다.

TIP 인조 속눈썹 한 올에 1가닥씩 붙여야 한다.

17 속눈썹 연장 실기 섹시스타일 J컬의 시술 방법 및 순서로 옳지 않은 것은?

① 인조 속눈썹의 중앙에 11mm의 가모로 기준을 잡아준다. 이때 반드시 속눈썹 뿌리에서 0.1~0.2mm의 간격을 띄우고 시술한다.
② 인조 속눈썹 앞머리까지 꽉 채워서 가모를 붙여야 하며, 눈썹 앞머리는 9mm, 눈썹꼬리는 12mm로 시술한다.
③ 눈썹 앞머리 9mm부터 중앙 11mm 길이 사이에 기준점을 잡아 10mm로 시술한다.
④ 중앙 기준점 11mm와 눈썹꼬리 12mm 사이에 기준점을 잡아 12mm 길이로 시술한다.

TIP 인조 속눈썹 앞머리 2~3가닥에는 가모를 붙이지 않는다.

18 3D 증모의 특징으로 알맞지 않은 것은?

① Y래쉬(또는 W래쉬) 한 가닥에 2개나 3개의 모가 연결된 증모 가모로 시술한다.
② 풍성한 눈썹 연출이나 숱이 적거나 속눈썹 방향이 일정하지 않은 경우, 전체 모를 시술하지 않아도 풍성한 속눈썹을 연출할 수 있다.
③ 시술 시간이 오래 걸린다는 단점이 있다.
④ 속눈썹 앞머리부터 8, 9, 10, 11, 12, 11, 10, 9mm의 기준점 사이사이에 3D 증모 Y래쉬나 W래쉬를 길이별로 시술하여 증모한다.

TIP 3D 증모는 시술 시간 단축의 장점이 있다.

정답
15. ③ 16. ③ 17. ② 18. ③

19 큐티 스타일 JC컬의 특징으로 맞는 것은?

① 귀여운 이미지를 위한 동그란 눈매를 연출한다. 발랄하고 사랑스러운 이미지를 표현하기 위하여 중간중간 포인트를 길고 굵은 가모(0.20mm 두께)로 시술한다.

② 속눈썹 꼬리 방향으로 갈수록 긴 사이즈로 시술한다. 눈매가 양옆으로 길고 도외적 · 서구적 이미지에 어울리며 가운데로 몰린 눈에 어울린다.

③ 가장 자연스럽고 청순한 이미지 연출이 가능하다. 부채꼴 모양으로 양쪽 속눈썹의 모량과 길이의 균형을 맞추어 아치형(부채꼴) 형태가 되도록 한다.

④ JC컬과 C컬을 레이어드로 믹싱하여 내추럴 부채꼴 모양의 기본 디자인이다.

> TIP 귀여운 이미지를 위한 동그란 눈매를 연출한다. 눈 중앙의 가모를 가장 길게 표현하는 것이 좋으며, 중간중간 포인트를 길고 굵은 가모(0.20mm 두께)로 시술한다.

20 5D 증모의 특징으로 알맞지 않은 것은?

① W래쉬 한 가닥에 3~5개의 인조모가 연결된 제품이다.

② 전체 속눈썹 시술보다 부분 볼륨에 시술된다.

③ 시술 시간이 단축된다는 장점이 있다.

④ 손상모에 시술하는 것이 좋다.

> TIP 5D 증모는 건강모에 시술하는 것이 좋다.

21 섹시스타일 시술 시 설명으로 맞지 않은 것은?

① 인조 속눈썹의 중앙에 11mm의 가모로 기준을 잡아준다.

② 눈썹 앞머리는 11mm, 눈썹꼬리는 9mm로 시술한다.

③ 중앙 기준점 11mm와 눈썹꼬리 12mm 사이에 기준점을 잡아 12mm 길이로 시술한다.

④ 눈썹 앞머리 9mm부터 중앙 11mm 길이 사이에 기준점을 잡아 10mm로 시술한다.

> TIP 눈썹 앞머리는 9mm, 눈썹꼬리는 12mm로 시술한다.

22 레이어드 스타일 JC컬의 시술 설명으로 맞지 않는 것은?

① 속눈썹 앞머리는 JC컬 8mm(0.20mm의 두께)로 시술한다.

② 속눈썹 꼬리는 JC컬 10mm(0.20mm의 두께)로 시술한다.

③ 속눈썹 꼬리와 눈 중앙 사이 중앙에 기준점을 잡아 JC컬 11mm(0.20mm의 두께)로 시술한다.

④ 속눈썹 앞머리와 눈 중앙 사이 중앙에 기준점을 잡아 JC컬 11mm(0.20mm의 두께)로 시술한다.

> TIP 속눈썹 꼬리는 JC컬 9mm(0.20mm의 두께)로 시술한다.

정답
19. ① 20. ④ 21. ② 22. ②

23 속눈썹 연장 유의사항으로 옳은 것은?

① 가모 시술 시 모근에 최대한 붙여서 부착하고 일정한 간격을 유지한다.
② 속눈썹 앞머리까지 채워서 연장한다.
③ 인조 속눈썹에 최소한 20가닥 이상을 연장한다.
④ 양쪽 가모에 시술한 디자인이 숱과 포인트 대칭이 같아야 한다.

TIP 가모 시술 시 모근에서부터 최소 0.1mm 떼어서 부착하며, 속눈썹 앞머리 2~3가닥은 연장하지 않는다. 인조 속눈썹에 최소한 40가닥 이상을 연장한다.

24 속눈썹 연장 사전 준비로 옳은 것은?

① 마네킹은 본인 표식을 해서 준비한다.
② 마네킹에는 속눈썹 연장이 반쯤 준비된 상태로 준비해야 한다.
③ 실기 시작 전 아이패치를 부착한다.
④ 마네킹에는 연장실습용 기본형 인조 속눈썹만 부착된 상태로 준비한다.

TIP 마네킹은 속눈썹 연장이 되어 있지 않은 표식이 없는 깨끗한 상태로 준비해야 하며, 아이패치는 실기 시작 후에 부착하도록 한다.

25 속눈썹 연장 실기 시술 준비의 유의사항으로 옳지 않은 것은?

① 마네킹의 눈 크기에 맞게 인조 속눈썹의 가로 길이를 잘라 조절한다.
② 접착제를 바른 후 적절한 위치에 부착한다.
③ 눈매의 곡선에 상관 없이 아이패치를 인조 속눈썹 위에 부착한다.
④ 솜에 알코올을 묻혀 마네킹을 소독한다.

TIP 아이패치는 눈매의 곡선에 맞게 인조 속눈썹보다 아래 적절한 위치에 부착한다.

26 가모를 붙일 때 글루가 뿌리에 닿지 않게 시술해야 하는 이유로 옳은 것은?

① 뿌리에 글루가 닿으면 굳어서 눈이 무겁고 아프다.
② 피부에 접촉 시 영구적으로 굳어버려서 뗄 수 없다.
③ 다음 시술 시 굳은 글루를 녹여서 재사용할 수 있으므로 뿌리에 닿게 시술한다.
④ 글루의 양이 많아야 시술 후 유지 기간이 길어진다.

TIP 뿌리에 글루가 닿으면 굳어서 눈이 무겁고 아프며, 피부염을 유발할 수 있다.

27 눈매가 양옆으로 길고 도외적 · 서구적 이미지에 어울리는 시술 스타일로 옳은 것은?

① 큐티 스타일 J컬
② 볼륨 라운드 스타일 C컬
③ 섹시 스타일 J컬
④ 레이어드 스타일 JC컬

TIP 섹시 스타일 J컬 시술 시 속눈썹 꼬리 방향으로 갈수록 긴 사이즈로 시술하며, 눈매가 양옆으로 길고 도외적 · 서구적 이미지에 어울린다.

정답 23. ④ 24. ④ 25. ③ 26. ① 27. ③

28 가장 자연스럽고 청순한 이미지 연출이 가능한 시술 스타일로 옳은 것은?

① 내추럴 스타일/부채꼴 J컬
② 레이어드 스타일/JC컬
③ 3D 증모
④ 5D 증모

TIP 내추럴 스타일은 부채꼴 모양으로 양쪽 속눈썹의 모량과 길이의 균형을 맞추어 아치형 형태가 되도록 시술하며, 가장 자연스럽고 청순한 이미지 연출이 가능하다.

29 모든 스타일 시술 전 공통된 시술 방법으로 옳은 것은?

① 10mm의 인조 속눈썹이 부착된 마네킹을 준비한다.
② 속눈썹 연장 시술 전 손과 도구류, 마네킹의 작업 부위를 소독하고 적절한 위치에 아이패치를 부착한다.
③ 소독된 손을 이용하여 전처리제를 고르게 도포한다.
④ 속눈썹 앞머리 한 올까지 채워서 시술한다.

TIP 모든 시술 전 손과 도구류, 마네킹의 작업 부위를 소독한 뒤 시술해야 한다.

30 5D 증모 시술 방법으로 옳지 않은 것은?

① 속눈썹 꼬리 9mm와 눈 중앙 12mm 사이 중앙에 기준점을 잡아 11mm로 시술한다.
② 속눈썹 앞머리 8mm와 11mm 가운데 기준점을 잡아 10mm로 시술한다.
③ 속눈썹 앞머리부터 8, 9, 10, 11, 12, 11, 10, 9mm의 기준점 사이사이에 J컬 래쉬로 증모한다.
④ 전체적으로 자연스럽게 부채꼴 모양이 되도록 완성한다.

TIP 속눈썹 앞머리부터 8, 9, 10, 11, 12, 11, 10, 9mm의 기준점 사이사이에 W래쉬(5D)로 증모한다.

31 전처리제 처리의 목적으로 옳은 것은?

① 글루의 접착력을 낮게 해주어 시술을 천천히 할 수 있게 하기 위함이다.
② 가모의 지속력과 밀착력을 높이며, 시술 전 속눈썹의 유분 및 이물질을 제거하는 것이다.
③ 기존 속눈썹의 건강을 위해 영양을 공급하는 역할을 한다.
④ 속눈썹을 연화시키기 위함이다.

TIP 시술 전 전처리제 처리를 하여 속눈썹의 유분 및 이물질을 제거하여 지속력과 밀착력을 높이기 위해 사용한다.

32 볼륨 라운드 스타일 C컬의 설명으로 옳지 않은 것은?

① C컬의 시술 테크닉에 중점을 둔다.
② 핀셋은 가모의 1/2 지점을 잡는다.
③ 글루는 2/3 지점까지 묻힌다.
④ 시술 후 눈썹 뿌리 부근의 접착 각도를 확인한다.

TIP 글루는 1/3 지점까지만 묻힌다.

정답
28. ① 29. ② 30. ③ 31. ② 32. ③

33 레이어드 스타일 JC컬의 기준점으로 옳지 않은 것은?

① 속눈썹 꼬리 9mm와 JC컬 11mm의 중앙에 JC컬 10mm로 기준점을 잡아 시술한다.

② 속눈썹 앞머리 8mm와 11mm 가운데 기준점을 잡아 JC컬 10mm로 시술한다.

③ 눈 중앙 기준점 12mm와 속눈썹 앞머리 11mm 중앙에 JC컬 15mm로 시술한다.

④ 인조 속눈썹의 중앙에 C컬 12mm의 가모로 기준을 잡아준다.

TIP 눈 중앙 기준점 12mm와 속눈썹 앞머리 11mm 중앙에 JC컬 15mm가 아닌 12mm로 시술한다.

34 가모의 컬 종류별 핀셋 사용법으로 옳은 것은?

① J컬, JC컬 가모 잡는 위치는 가모의 뿌리에서 3분의 2 정도 위치에 핀셋을 고정한다.

② C컬 가모 잡는 위치는 가모의 뿌리에서 끝부분에 핀셋을 고정한다.

③ J컬, JC컬 가모 잡는 위치는 가모의 뿌리에서 중간 위치에 고정한다.

④ C컬 가모 잡는 위치는 가모의 뿌리에서 3분의 1 정도 위치에 핀셋을 고정한다.

TIP J컬, JC컬 가모 잡는 위치는 가모의 뿌리에서 3분의 2 정도 위치에 핀셋을 고정한다. 이때 핀셋은 45도 각도를 유지해야 한다.

35 속눈썹 연장 실기 방법 중 공통된 시술 방법으로 옳지 않은 것은?

① 8mm의 인조 속눈썹이 부착된 마네킹을 준비한다.

② 속눈썹 연장 시술 전 손과 도구류, 마네킹의 작업 부위를 소독한다.

③ 적절한 위치에 아이패치를 부착한다.

④ 우드 스파츌라를 이용하여 마이크로 브러시(또는 면봉)로 전처리제를 고르게 도포한다.

TIP 마네킹은 5~6mm의 인조 속눈썹이 부착된 것으로 준비한다.

36 속눈썹 연장 실기의 사전 준비로 옳지 않은 것은?

① 위생 봉투를 책상에 부착하여 쓰레기를 수거할 수 있도록 한다.

② 위생쟁반과 도구 트레이를 사용하여 준비물을 가지런히 세팅한다.

③ 아이패치는 미리 부착해둔다.

④ 마네킹에는 속눈썹 연장이 되어 있지 않아야 하며, 연장 실습용 기본형 인조 속눈썹만 부착된 상태로 준비한다.

TIP 아이패치는 실기 시작 후에 부착하도록 한다.

정답 33. ③ 34. ① 35. ① 36. ③

37 속눈썹 연장에 관한 설명으로 가장 옳지 않은 것은?

① 속눈썹의 중앙에 12mm의 가모로 기준을 잡아준다.
② 속눈썹 앞머리는 10mm로 시술한다.
③ 속눈썹 앞머리부터 8, 9, 10, 11, 12, 11, 10, 9mm의 길이 순서로 시술한다.
④ 핀셋으로 인조 속눈썹을 가르고 한 올에 1가닥씩 붙인다.

TIP 속눈썹 앞머리는 8mm로 시술한다.

38 속눈썹 연장 실기 방법으로 옳지 않은 것은?

① 글루의 양을 적절하게 조절하여 뿌리에 흘러내리거나 속눈썹에 방울져서 뭉치지 않아야 한다.
② 속눈썹 앞머리 부분까지 꽉 채워서 연장해야 한다.
③ 완성된 상태는 각 과제별 디자인 시안과 같아야 하며, 붙여진 가모의 상태는 각도, 방향, 길이가 일정해야 한다.
④ 가모 시술 시 모근에서부터 최소 0.1mm 떼어서 부착하고 일정한 간격을 유지한다.

TIP 속눈썹 앞머리 부분 2~3가닥은 연장하지 않는다.

39 속눈썹 연장 실기의 스타일로 옳지 않은 것은?

① 내추럴 스타일 J컬
② 큐티 스타일 J컬
③ 섹시 스타일 C컬
④ 볼륨 라운드 스타일 C컬

TIP 섹시 스타일을 연출할 땐 J컬을 사용한다.

40 글루 사용 시 유의사항으로 옳지 않은 것은?

① 가모의 3분의 1 정도만 글루가 닿을 수 있도록 천천히 담그고 빼낸다.
② 가모에 방울이 생기지 않도록 글루 양을 조절한다.
③ 충분하게 흔들어 섞은 후 사용한다.
④ 가모에 멍울이 생길 정도로 글루를 충분하게 묻혀서 사용해야 한다.

TIP 글루의 양이 많으면 피부에 접착될 수 있으므로 멍울이 생기지 않도록 조심해야 한다.

41 전처리제 처리의 방법으로 옳지 않은 것은?

① 우드 스파츌라를 이용하여 도포한다.
② 마이크로 브러시(또는 면봉)로 도포한다.
③ 전처리제는 생략이 가능하다.
④ 지속력과 밀착력을 높이기 위해 진행한다.

TIP 전처리제는 시술 전 유분 및 이물질을 제거하여 가모의 지속력과 밀착력을 높여주기 때문에 생략하지 않는다.

정답
37. ② 38. ② 39. ③ 40. ④ 41. ③

42 속눈썹 연장 실기 시술 시 핀셋 사용법으로 올바른 것은?

① 속눈썹은 일자핀셋, 가모는 곡자핀셋으로만 잡는다.
② 가모를 떨어트릴 수 있으므로 꽉 잡는다.
③ 핀셋을 눕혀 잡은 뒤 속눈썹을 한 올씩 가른다.
④ 속눈썹을 두 가닥씩 동시에 시술한다.

TIP 가모는 꺾이지 않도록 부드럽게 잡아야 하며, 핀셋을 세워 잡아야 한 올씩 가르기 편하다.

43 속눈썹 연장을 위한 가모 선택 방법으로 가장 옳은 것은?

① 가장 두꺼운 가모가 가장 오래 유지된다.
② 얇은 속눈썹일수록 굵은 가모를 많이 붙인다.
③ 고객의 속눈썹이 짧을 경우, 아주 길게 붙인다.
④ 고객의 속눈썹이 가늘고 약한 경우, 가벼운 가모를 선택한다.

TIP 고객의 속눈썹이 가늘고 약한 경우, 너무 두껍고 무거운 가모를 붙이면 기존 눈썹이 탈락되어 탈모의 원인이 될 수 있으므로 유의한다.

44 레이어드 스타일 JC컬의 시술 방법으로 옳지 않은 것은?

① 인조 속눈썹의 중앙에 JC컬 12mm의 가모로 기준을 잡아준다.
② 속눈썹 앞머리는 JC컬 8mm로 시술한다.
③ 속눈썹 꼬리는 JC컬 10mm로 시술한다.
④ 속눈썹 꼬리와 눈 중앙 사이에 기준점을 잡아 JC컬 11mm로 시술한다.

TIP 속눈썹 꼬리 부분은 JC컬 9mm로 시술한다.

45 레이어드 스타일 JC컬의 2단계 시술 방법으로 옳지 않은 것은?

① 인조 속눈썹의 중앙에 C컬 10mm의 가모로 기준을 잡아준다.
② 속눈썹 앞머리는 C컬 8mm로 시술한다.
③ 속눈썹 앞머리부터 C컬 8, 9, 10, 11, 12, 11, 10, 9mm의 길이 순서로 시술하며, 길이별로 기준점을 잡아주며 시술하는 것이 좋다.
④ 속눈썹 꼬리 9mm와 눈 중앙 12mm 사이 중앙에 기준점을 잡아 C컬 11mm로 시술한다.

TIP 인조 속눈썹의 중앙에는 C컬 12mm로 기준을 잡아준다.

46 5D 증모 시술 방법 및 순서로 옳지 않은 것은?

① W래쉬 한 가닥에 3~5개의 인조모가 연결된 제품으로 시술한다.
② 속눈썹 앞머리는 8mm로 시술하고 속눈썹 꼬리는 12mm로 시술한다.
③ 속눈썹 앞머리부터 8, 9, 10, 11, 12, 11, 10, 9mm의 기준점 사이사이에 W래쉬(5D)로 증모한다.
④ 인조 속눈썹의 중앙에 12mm의 가모로 기준을 잡아준다.

TIP 속눈썹 꼬리는 9mm로 시술한다.

정답 42. ① 43. ④ 44. ③ 45. ① 46. ②

47 시간 단축의 장점이 있으며 부분 볼륨에 시술되는 시술로 알맞은 것은?

① 5D 증모
② 섹시 스타일
③ 레이어드 스타일
④ 큐티 스타일

TIP 5D 증모는 W래쉬 한 가닥에 3~5개의 인조모가 연결된 제품을 사용하며 시술 시간이 단축되는 장점이 있다.

48 발랄하고 사랑스러운 이미지를 표현하기 위한 시술 기법으로 알맞은 것은?

① 섹시 스타일
② 볼륨 C컬 스타일
③ 큐티 스타일
④ 레이어드 스타일

TIP 큐티 스타일은 동그란 눈매를 연출하여 발랄하고 사랑스러운 이미지를 표현한다.

49 눈매가 양옆으로 길고 도외적·서구적 이미지에 어울리는 시술 기법은?

① 큐티 스타일
② 레이어드 스타일
③ 3D 증모
④ 섹시 스타일

TIP 속눈썹 꼬리 방향으로 갈수록 긴 사이즈로 시술하기 때문에 눈매가 양옆으로 길어 보인다.

50 속눈썹 연장 실기 준비로 옳지 않은 것은?

① 아이패치 부착 시 아래 속눈썹 위에 부착한 상태가 정확해야 한다.
② 반드시 정부가 인정하는 KC 인증 글루를 사용한다.
③ 가모는 굵기 0.20mm 또는 0.25mm, 길이 8~12mm의 J컬, JC컬, C컬을 사용한다.
④ 반드시 한 가닥에 한 올씩 1:1로 부착한다.

TIP 가모는 굵기 0.15mm 또는 0.20mm를 사용한다.

51 가운데로 몰린 눈에 어울리는 연장 스타일은?

① 섹시 스타일
② 큐티 스타일
③ 레이어드 스타일
④ 볼륨 라운드 스타일

TIP 섹시 스타일은 속눈썹 꼬리 방향으로 갈수록 긴 사이즈로 시술하기 때문에 가운데로 몰린 눈에 어울린다.

52 숱이 적거나 속눈썹 방향이 일정하지 않은 경우에 시술하는 증모로 옳은 것은?

① 큐티 스타일
② 볼륨 라운드 스타일
③ 섹시 스타일
④ 3D 증모

TIP 풍성한 눈썹을 연출해주기 때문에 숱이 적거나 방향이 일정하지 않은 경우에 시술한다.

정답
47. ① 48. ③ 49. ④ 50. ③ 51. ① 52. ④

53 볼륨 라운드 스타일의 시술 방법으로 옳지 않은 것은?

① C컬의 시술 테크닉에 중점을 둔다.
② 핀셋은 가모의 1/2 지점을 잡고, 글루는 1/3 지점까지만 묻힌다.
③ 시술 후 눈썹 뿌리 부근의 접착 각도를 확인한다.
④ 전체적으로 속눈썹 꼬리 방향으로 갈수록 긴 속눈썹 스타일로 연출한다.

TIP 볼륨 라운드 스타일은 전체적으로 자연스럽게 부채꼴 모양이 되도록 완성한다.

54 레이어드 스타일의 설명으로 맞지 않은 것은?

① JC컬과 C컬을 레이어드로 믹싱한다.
② 내추럴 부채꼴 모양의 디자인이다.
③ 1단계 JC컬 시술 후, 2단계로 C컬 시술로 완성한다.
④ 속눈썹 꼬리 쪽으로 갈수록 길어지게 시술한다.

TIP 레이어드 스타일 JC컬은 내추럴 부채꼴 모양으로 완성한다.

55 속눈썹 연장 시술 후 관리 방법으로 틀린 것은?

① 눈을 과도하게 비비지 않는다.
② 시술 당일에는 아이 리무버를 사용하지 않는다.
③ 1주일 이내에 사우나, 찜질방을 가지 않는다.
④ 시술 당일 마스카라로 속눈썹 컬을 고정한다.

TIP 속눈썹 연장 시술 직후에는 마스카라를 바르지 않도록 한다.

서술형

56 속눈썹 연장 기본형(부채형)을 시술하고자 할 때, 기준점과 디자인 특성에 관하여 서술하시오.

57 섹시 스타일로 속눈썹을 연장하고자 할 때, 기준점과 시술 특성에 관하여 서술하시오.

정답
53. ④ 54. ④ 55. ④ 56~57. 47쪽 참고

58 큐티 스타일로 속눈썹을 연장하고자 할 때, 기준점과 시술 특성에 관하여 서술하시오.

59 레이어드 스타일로 속눈썹을 연장하고자 할 때, 기준점과 시술 특성에 관하여 서술하시오.

60 증모 스타일로 속눈썹을 연장하고자 할 때, 기준점과 시술 특성에 관하여 서술하시오.

정답
58~60. 47쪽 참고

서술형 정답

56. 기본형 속눈썹은 부채꼴 형태의 속눈썹 디자인으로 눈 앞머리와 눈꼬리 속눈썹이 짧고, 중앙의 속눈썹이 긴 것이 특징이다. 인조 속눈썹의 중앙에 12mm의 가모로 기준을 잡되 가모는 속눈썹 뿌리에서 0.1~0.2mm의 간격을 띄우고 시술한다.
속눈썹 앞머리 2~3가닥에는 가모를 붙이지 않으며, 첫 속눈썹의 길이는 8mm로 시술한다. 속눈썹 꼬리는 9mm이다. 전체 속눈썹 길이는 앞머리부터 8, 9, 10, 11, 12, 11, 10, 9mm의 길이로 시술하며, 한 올에 1가닥씩 붙이도록 한다.

57. 섹시 스타일의 속눈썹은 눈꼬리 방향으로 갈수록 긴 사이즈의 가모를 시술한다.
인조 속눈썹 중앙에 11mm의 가모로 기준을 잡고, 이때 가모는 속눈썹 뿌리에서 0.1~0.2mm의 간격을 띄우고 시술한다.
속눈썹 앞머리 2~3가닥에는 가모를 붙이지 않으며, 첫 속눈썹의 길이는 9mm로 시술한다. 속눈썹 꼬리는 12mm이다. 속눈썹 앞머리로부터 눈꼬리 방향으로 9, 10, 11, 12mm의 길이로 시술하며, 한 올에 1가닥씩 붙이도록 한다.

58. 귀여운 이미지를 위한 큐티 스타일은 동그란 눈매를 연출하는 것이 좋다 중간중간 포인트를 굵은 가모(0.20mm)로 시술하도록 한다.
020mm의 굵은 가모로 기준점을 먼저 잡아주되 인조 속눈썹 중앙에 12mm, 눈 앞머리에 9mm, 눈꼬리에 11mm로 시술한다. 눈 앞머리부터 9, 10, 11, 12, 11mm로 기준점을 잡고, 사이사이에 0.15mm의 일반 두께 짧은 가모를 한 올에 1가닥씩 붙여주도록 한다.

59. 레이어드 스타일은 JC컬과 C컬 등 2가지 이상의 컬을 레이어드로 믹싱하여 연출하는 것이 특징이다.
대체로 기본형의 부채꼴 모양의 기본 디자인으로 작업한다.
12mm의 JC컬로 인조 속눈썹 중앙에 기준점을 잡고, 앞머리에는 8mm, 눈꼬리에는 9mm로 시술한다. 이때 눈 앞머리 2~3가닥은 가모를 붙이지 않으며, 속눈썹 뿌리에서 0.1~0.2mm 간격을 띄우고 시술한다. 눈 앞머리부터 눈꼬리 방향으로 JC컬로 8, 9, 10, 11, 12, 11, 10, 9mm의 기준점을 잡아 부채꼴을 완성한다.
2단계 작업으로 C컬을 사용하여 기준점 사이사이에 길이를 맞추어 레이어드로 시술하고 마무리한다.

60. Y래쉬 또는 W래쉬를 사용하여 속눈썹이 풍성해 보이도록 증모 가모를 시술한다.
먼저 기본 J컬로 부채꼴의 기준점을 잡도록 한다. 기준점은 앞머리부터 8, 9, 10, 11, 12, 11, 10, 9mm의 길이로 시술하며, 한 올에 1가닥씩 붙이도록 한다. 이때 눈 앞머리 2~3가닥은 가모를 붙이지 않으며, 속눈썹 뿌리에서 0.1~0.2mm 간격을 띄우고 시술한다.
기준점이 완성되면 사이사이에 Y래쉬 또는 W래쉬를 붙여 풍성한 증모 스타일의 속눈썹을 완성한다.

Chapter 04 속눈썹 펌 실기

01 속눈썹 펌 시술 시 최대 유지 기간으로 옳은 것은?

① 2주 ② 4주
③ 6주 ④ 8주

TIP 속눈썹 펌 시술 시 최저 2주에서 최대 8주까지 유지된다.

02 속눈썹 펌 시술을 하는 이유로 옳지 않은 것은?

① 속눈썹이 눈을 찌를 경우, 눈의 편안함을 위해
② 뷰러를 사용한 것처럼 컬링을 만들기 위해
③ 건강한 속눈썹을 만들기 위해
④ 눈을 더 또렷하게 보일 수 있게 만들기 위해

TIP 속눈썹 펌 시술 목적은 미용 목적이 크다.

03 속눈썹의 주성분으로 옳은 것은?

① 비타민 ② 케라틴
③ 지방 ④ 콜라겐

TIP 속눈썹은 케라틴이라는 탄력성이 있는 경단백질로 구성되어 있다.

04 케라틴의 폴리펩타이드 구조의 특징은?

① 잡아당기면 늘어나고, 힘을 제거하면 원 상태로 돌아간다.
② 잡아당기면 늘어나고, 힘을 제거해도 원 상태로 돌아가지 않는다.
③ 잡아당겨도 늘어나지 않는다.
④ 잡아당기면 끊어진다.

TIP 케라틴은 탄력성을 가지고 있다.

05 속눈썹 펌 시술 시 필요한 준비물로 옳지 않은 것은?

① 핀셋 ② 아이패치
③ 펌 롯드 ④ 글루 드라이

TIP 속눈썹 펌 시술 시엔 글루 드라이가 필요하지 않다.

06 시술이 불가능한 경우가 아닌 것은?

① 녹내장이 있는 눈
② 다른 일관성 안질이 있는 눈
③ 충혈된 눈
④ 각막에 상처나 손상이 있는 눈

TIP 특별한 질병 사유가 없이 충혈만 되어 있다면 시술할 수 있다.

정답 01. ④ 02. ③ 03. ② 04. ① 05. ④ 06. ③

07 속눈썹 펌 시술 전 준비해야 하는 것은?

① 위생쟁반과 도구 트레이를 이용하여 준비물을 가지런히 세팅한다.
② 눈 및 눈 주변 알레르기 및 질환에 관하여 반드시 체크한다.
③ 위생 봉투를 책상에 부착하여 쓰레기를 반드시 수거할 수 있도록 한다.
④ 고객이 원하는 속눈썹 펌의 디자인을 체크하지 않는다.

TIP 속눈썹 펌의 유지 기간은 최대 8주이므로 꼭 고객이 원하는 디자인을 체크해야 한다.

08 속눈썹 펌 시술 시 주의사항으로 올바르지 않은 것은?

① 두피용 펌제를 사용해도 된다.
② 콘택트렌즈를 사용하는 고객은 반드시 렌즈를 뺀 후에 시술한다.
③ 롯드는 세척과 소독을 해서 반복 사용할 수 있다.
④ 시술 전 눈 주위의 메이크업, 속눈썹 유분기는 꼭 닦아낸다.

TIP 속눈썹용 펌제를 사용하여야 한다.

09 시술 전 고객 카운슬링을 할 때 필요한 주요 질문 내용이 아닌 것은?

① 눈 주변의 피부 상태에 대해 알고 있는지
② 시술에 관해서 불안한 점이 있는지
③ 패치테스트를 요망하는지
④ 시술 금액에 대해 알고 있는지

TIP 시술 전 카운슬링은 고객의 체질 확인 등 요망 메뉴의 설명이 주를 이룬다.

10 컬링이 아름답게 나오기 위해서 펌제를 평균적으로 방치하는 시간으로 알맞은 것은?

① 제1액 15분 내외, 제2액 10분 내외
② 제1액 5~8분 내외, 제2액 15분 내외
③ 제1액 15분 내외, 제2액 7~8분 내외
④ 제1액 20분 내외, 제2액 3분 내외

TIP 대부분 브랜드별 펌제마다 다르지만, 보통 모발 굵기 0.7mm를 기준으로 평균 제1액 15분 내외, 제2액 5~8분 내외로 방치하게 된다.

11 고객이 원하는 컬의 각도가 눈동자 수평에서 30도에서 45도 올라갈 때 추가해야 하는 방치 시간은?

① 2분 ② 4분
③ 6분 ④ 8분

TIP 각도가 눈동자 수평에서 30도에서 45도 올라갈수록 +2분 정도 방치 시간을 조절한다.

12 시술 환경 주변의 온도와 습도가 가장 이상적으로 짝지어진 것은?

① 온도 : 25~28℃, 습도 : 60~70%
② 온도 : 22~25℃, 습도 : 30~40%
③ 온도 : 22~25℃, 습도 : 45~55%
④ 온도 : 20~23℃, 습도 : 40~50%

TIP 가장 펌이 잘 나오는 온도는 22~25℃, 습도는 45~55%이다.

정답
07. ④ 08. ① 09. ④ 10. ③ 11. ① 12. ③

13 속눈썹 펌 시술 순서에서 필요하지 않은 것은?

① 눈매를 파악한 후에 롯드를 선정한다.
② 제1액 방치 시간 후에 제2액을 바르기 전 세안한다.
③ 눈두덩이 위에 롯드를 올려 컬의 높이를 체크한다.
④ 기술자, 시술 전에 손 소독을 반드시 한 후에 마스크를 착용한다.

TIP 제1액 방치 시간 후에 제2액을 발라 방치 시간을 정한 후에 닦아낸다.

14 속눈썹 펌 시술 주의사항이 아닌 것은?

① 카운슬링을 통해 고객의 건강상태 등을 확인한 후에 요청하는 컬에 대해 대응한다.
② 알맞은 사이즈의 롯드를 선택하고 속눈썹 컬 전용 글루로 속눈썹을 하나하나 붙인다.
③ 컬이 나오게 하는 시간을 세심히 체크하고 컬을 고정하는 것 또한 주의를 기울인다.
④ 속눈썹 펌 시술 후 에센스를 바르게 되면 컬이 풀릴 수 있으니 바르지 않는다.

TIP 속눈썹 펌 시술 후 속눈썹 에센스를 발라 속눈썹 전체를 아름답게 마무리한다.

15 속눈썹 펌을 할 때 이용하는 결합 방식으로 옳은 것은?

① 폴리펩티드결합 ② 시스틴결합
③ 염결합 ④ 수소결합

TIP 케라틴 단백질로 구성된 속눈썹은 폴리펩티드결합, 시스틴결합(이황화결합), 염결합 및 수소결합을 하고 있으며, 그중에서 속눈썹 파마는 시스틴결합을 이용한다.

16 트러블 종류에 따른 해결 방법이 올바르게 짝지어진 것은?

① 속눈썹 끝이 꼬불꼬불하게 시술되었다. – 꼬불꼬불한 부분을 잘라낸다.
② 펌제 등의 약품이 눈에 들어갔다. – 반드시 물로 헹구고 상황을 설명한 후에 재시술한다.
③ 요청한 컬이 제대로 나오질 않았다. – 물로 헹구고 다른 샵을 추천한다.
④ 피부 두드러기가 났다. – 화장품을 이용해 임시방편으로 가려준다.

TIP 약품이 눈에 들어갔을 경우엔 반드시 물로 헹궈준다.

17 속눈썹 펌 시술 상황 시 관련 주의사항이 아닌 것은?

① 속눈썹이 상할 수 있으므로 연속으로 시술을 하지 않는다.
② 콘택트렌즈를 사용하는 고객은 반드시 렌즈를 뺀 후에 시술한다.
③ 너무 시간을 소요해 속눈썹 컬 크림을 바르게 되면 속눈썹에 상처가 생길 우려가 있으므로 주의하며 시술한다.
④ 시술 전 눈 주위의 메이크업, 속눈썹 유분기는 닦아내지 않아도 된다.

TIP 속눈썹 펌 시술 전 눈 주위의 메이크업, 속눈썹 유분기는 꼭 닦아낸다.

정답 13. ② 14. ④ 15. ② 16. ② 17. ④

18 속눈썹 펌의 작용 원리로 옳은 것은?

① 속눈썹에 열을 가해 컬을 만든 뒤 식혀서 고정시킨다.

② 속눈썹 펌제를 일정 시간 속눈썹에 방치하여 환원작용과 산화작용을 이용한다.

③ 롯드에 속눈썹을 글루로 붙인 뒤 하루 정도 방치하여 둔다.

④ 면봉을 이용해 억지로 들어 올린 뒤 스프레이를 사용한다.

TIP 속눈썹 펌은 펌제를 일정 시간 속눈썹에 방치하여 시술한다.

19 제1액의 환원작용에 대한 설명으로 맞지 않은 것은?

① 자연 상태의 시스틴결합을 화학적으로 절단(환원)시켜 원하는 형태로 컬링을 만들 수 있다.

② 케라틴 단백질로 구성된 속눈썹은 폴리펩티드결합, 시스틴결합, 염결합 및 수소결합을 하고 있으며, 그 중에서 속눈썹파마는 수소결합을 이용한다.

③ 속눈썹에 환원제인 치오글리콜산과 알칼리로 처리하면 알칼리 성분에 모발이 팽윤되고, 팽윤된 모발에 치오글리콜산이 침투하여 측쇄 결합된 시스틴결합(−s−s)을 환원작용으로 절단하여 (−SH)로 만든다. 그 후 절단된 티올기를 과산화수소(혹은 브롬산나트륨)와 속눈썹의 복원력을 회복시킴으로써 속눈썹 컬이 형성된다.

④ 환원을 돕는 알칼리제로 암모니아는 휘발성이 좋으나 냄새가 심하게 나는 단점이 있고, 모노에탄올아민(MEA)은 냄새가 전혀 나지 않으나, 강한 알칼리이기 때문에 잔류 가능성이 매우 높다는 단점이 있다.

TIP 속눈썹 펌은 시스틴결합을 이용한다.

20 시술자로서 시술 전 사전에 준비해야 할 사항이 아닌 것은?

① 빠른 시술을 위해 책상 위에 준비물을 대충 세팅한다.

② 책상 위에 재료를 정리할 흰색 수건을 준비한다.

③ 흰색 위생 가운을 입고 흰색 마스크와 위생모를 착용한다.

④ 위생 봉투를 책상에 부착하여 쓰레기를 반드시 수거할 수 있도록 한다.

TIP 준비물은 위생쟁반과 도구 트레이를 이용하여 가지런히 세팅한다.

21 고객이 시술 전 준비해야 할 사항이 아닌 것은?

① 시술 전 아이 메이크업을 지운다.

② 눈 및 눈 주변 알레르기 및 질환에 관하여 반드시 체크한다.

③ 고객이 원하는 속눈썹 펌의 디자인을 체크한다.

④ 콘택트렌즈는 착용 후 시술한다.

TIP 펌 시술 전 콘택트렌즈는 반드시 빼고 시술해야 한다.

정답 18. ② 19. ② 20. ① 21. ④

22 고객에게 피부질환이 있는 경우 대처 방법이 아닌 것은?

① 눈 주위에 피부질환이 있는 경우, 의사에게 상담을 먼저 받도록 유도한다.
② 피부가 민감 또는 특이 체질인 경우, 패치테스트를 통해 상담을 유도한다.
③ 눈 주위가 아닌 피부에 뾰루지가 난 경우, 약간의 처치 후 병원을 권유한다.
④ 미용성형 직후 또는 예정이면 성형의 상처 회복 후에 시술을 받도록 한다.

TIP 눈 주위가 아닌 피부에 난 뾰루지는 펌 시술과 관련이 없으므로 시술을 진행해도 된다.

23 속눈썹 펌의 개념으로 올바르지 않은 것은?

① 속눈썹 펌제와 전용 롯드를 이용하여 속눈썹에 퍼머넌트 웨이브를 시행하는 것
② 뷰러를 사용한 것처럼 컬링을 만들어 최저 2주에서 최대 8주까지 유지되는 것
③ 인조 속눈썹을 붙여서 속눈썹을 또렷하고 길게 보이게 하는 것
④ 속눈썹 연장처럼 국내·외에서 자주 시술되는 뷰티의 한 분야로서 래쉬 리프트라고도 한다.

TIP 인조 속눈썹을 붙이는 시술은 속눈썹 연장이다.

24 속눈썹 펌 시술자가 갖춰야 할 자세가 아닌 것은?

① 눈, 눈매, 눈 주위 피부의 상태, 건강상태 등을 사전에 미리 체크한다.
② 다음에 일어날 수 있는 트러블 등의 데미지를 고객에게 설명하고 시술을 할 것인지를 판단해야 한다.
③ 다양한 임상과 공부 및 노력이 필요하며, 고객이 자기 판단으로 속눈썹 컬을 원한다면 불가능하더라도 시술해야 한다.
④ 고객의 상태를 모르고 시술하여 트러블의 원인이 될 수 있으므로 충분한 주의가 필요하다.

TIP 고객이 자기 판단으로 속눈썹 컬을 원한다 하더라도 불가능할 때는 확실하게 이유를 설명할 수 있어야 한다. 즉, 거절할 용기 또한 필요하다.

25 카운슬링을 할 때 질문해야 하는 주요 질문 내용이 아닌 것은?

① 속눈썹 펌에 대해 이해하고 있는지
② 눈의 수술 또는 미용성형 등을 하고 있는지
③ 패치테스트를 요망하는지
④ 다른 샵에서 시술을 받아본 적이 있는지

TIP 카운슬링은 시술 기법, 건강상태 등을 확인하고 신뢰 관계를 쌓기 위해 하는 것이다.

26 속눈썹 펌 시술 후 관리 방법으로 옳지 않은 것은?

① 시술받은 당일은 클렌징 성분으로 눈과 속눈썹을 심하게 비비지 않는다.
② 시술 후에는 눈 주위를 조심스럽게 씻는 것을 항상 유념한다.
③ 아름다운 속눈썹 컬을 유지하기 위해서는 속눈썹 전용 컬 관리 제품(에센스 등)을 사용하는 것을 권한다.
④ 펌은 연장처럼 인조 속눈썹을 붙인 것이 아니므로 눈을 비벼도 상관없다.

TIP 속눈썹 펌 시술 후 눈을 심하게 비비게 되면 컬이 꼬일 수 있다.

정답 22. ③ 23. ③ 24. ③ 25. ④ 26. ④

27 속눈썹 펌의 사전 양식 또는 승인서에 대한 설명으로 틀린 것은?

① 시술하기 전에는 카운슬링을 확실히 하고 양식을 기재하며, 고객 본인이 이해한 후에 승인서에 자필 서명을 받아 놓는다.
② 양식 사용 시 롯드, 양식을 쓴 시간 등을 꼭 기재해야 다음 방문 시에 참고할 수 있다.
③ 나중에 혹시나 일어날 수 있는 트러블이 있다면 원인을 조사할 때 필요하므로 발견된 고객의 상태 등을 반드시 기재해 놓는 것이 좋다.
④ 양식 승낙서(시술 동의서)는 고객과 시술자 간의 기록이며, 확인 후 폐기해도 좋다.

TIP 양식 승낙서는 고객과 시술자 간의 기록이므로 꼭 보관해놓도록 한다.

28 고객 관련 주의사항으로 옳지 않은 것은?

① 피부에 이상이 있는 경우 시술하지 않는다.
② 속눈썹 컬 크림은 눈에 사용하는 순한 제품이므로 눈에 들어가도 괜찮다.
③ 눈과 눈 주위 피부가 약한 분은 속눈썹 컬 크림에 반응이 있을 수 있으므로 고객에게 알린다.
④ 시술 전에는 카운슬링을 실시하여 트러블을 피할 수 있도록 한다.

TIP 속눈썹 컬 크림은 절대 눈에 들어가지 않게 한다. 만약 눈에 들어갔을 때는 신속히 물 또는 온수로 닦아 씻어내 재시술하거나 의사에게 진단을 보이도록 한다.

29 제2액의 산화작용에 대한 설명으로 맞지 않은 것은?

① 원하는 형태로 컬을 만든 후에 시스테인으로 되며, 그 상태 그대로 다시 복원하는 시스틴 결합으로 산화시켜 다시 새로운 이황화 결합이 되며 속눈썹 컬을 고정시킨다.
② 산화제로 가장 많이 사용되는 브롬산나트륨(소듐브로메이트)이 있다.
③ 자연 상태의 시스틴 결합을 화학적으로 절단(환원)시켜 속눈썹을 원하는 형태로 컬링을 만들 수 있다.
④ 브롬산나트륨(소듐브로메이트)과 같이 가장 많이 사용되는 것은 과산화수소이다.

TIP 환원작용은 제1액에서 이용한다.

30 속눈썹의 특징으로 옳지 않은 것은?

① 속눈썹은 주성분인 케라틴이라는 탄력성이 있는 경단백질로 구성되어 있다.
② 케라틴의 폴리펩타이드 구조는 속눈썹을 잡아당기면 늘어나고, 힘을 제거해도 원상태로 돌아가지 않는다.
③ 케라틴의 구성 아미노산 중에서 가장 함유량이 많은 시스틴은 황(S)을 함유하고 있다.
④ 케라틴은 각종 아미노산이 펩타이드결합(쇠사슬 구조)을 하고 있다.

TIP 케라틴은 탄력성이 있어, 잡아당기면 늘어나고 힘을 제거하면 원상태로 돌아간다.

정답
27. ④ 28. ② 29. ③ 30. ②

31 시술 전 패치테스트가 필요하지 않는 고객은?

① 쌍꺼풀 글루, 속눈썹 펌제 등 제품에 의한 트러블이 나타난 경험이 있는 고객
② 아토피가 있는 고객
③ 피부가 민감 특이 체질인 고객
④ 녹내장이 있는 고객

TIP 녹내장이 있는 고객은 패치테스트를 하더라도 시술이 불가능하다.

32 카운슬링의 방식으로 옳지 않은 것은?

① 시술 기법, 고객의 건강상태 등에 의한 어떤 증상이 나올 우려 등을 고려하여 차근차근 조사해 지식을 쌓아야 한다.
② 병세에 따라 가벼운 증상이 있는 경우 시술은 가능하지만, 의사의 상담이 끝난 후에 고객의 상태가 양호하고, 상호 간의 확인이 확실할 때 시술이 들어가는 것이 중요하다.
③ 속눈썹 펌과 관련하여 공통되게 질문이 나오는 것들은 미리 준비하여 카운슬링에 대응하는 것이 좋으며, 되도록 알기 쉽게 설명하고, 신뢰 관계를 쌓는 것도 매우 중요하다.
④ 카운슬링을 통해 다음 시술도 예약할 수 있게끔 회원권 결제를 유도하여 고객을 유치해야 한다.

TIP 카운슬링은 고객과의 신뢰 관계를 위해 한다.

33 고객관리에 관한 요령으로 바르지 않은 것은?

① 고객의 방문 날짜 기록
② 고객의 전화번호 기록
③ 고객의 가족구성원 기록
④ 고객의 선호 속눈썹 디자인 기록

TIP 고객의 속눈썹 상태, 원하는 속눈썹 디자인 및 예약을 위한 연락처를 기록한다. 개인 사생활에 관하여 기록하지 않도록 한다.

34 아름다운 컬링을 위한 필수 요소가 아닌 것은?

① 펌제의 방치 시간은 제1액 평균 15분 내외, 제2액 평균 5~8분 내외로 방치한다.
② 온도가 낮으면 +5분, 높으면 -5분으로 방치 시간을 조절한다.
③ 습도가 높을수록 +2분 한다.
④ 냉난방기와 고객의 피부 온도에 따라서 펌액의 흡수율과 시간이 달라질 수 있으므로, 눈 주변에 고글이나 덮개를 사용한다.

TIP 온도에 따라 +2분, -2분으로 2분씩 조절한다.

35 롯드에 속눈썹을 붙이는 방법이 아닌 것은?

① 브러시를 이용하여 속눈썹 길이와 층을 확인한다.
② 밤을 사용하여 속눈썹을 롯드에 붙인다.
③ 속눈썹 펌글루를 속눈썹 모 안쪽과 롯드에 바른다.
④ 모근부터 가지런히 뒤꼬리부터 앞머리까지 바짝 부착한다.

TIP 밤은 속눈썹 모의 끝을 보호하기 위해 끝부분에 발라주는 용도이다.

정답 31. ④ 32. ④ 33. ③ 34. ② 35. ②

36 속눈썹 펌 시술 방법으로 옳지 않은 것은?

① 5겹 솜에 전처리제를 묻혀 눈과 눈두덩이의 유분기를 제거한다.
② 속눈썹 펌글루를 이용하여 롯드에 장착한다.
③ 속눈썹 모를 보호하기 위해 밤을 속눈썹 전체에 바른다.
④ 펌글루를 제거하기 위해 전처리제를 솜에 묻혀서 눈에 10초간 올려둔 뒤 닦아준다.

TIP 밤은 속눈썹 모의 끝을 보호하기 위에 끝부분에만 발라준다.

37 속눈썹 펌 시술 시 유의사항이 아닌 것은?

① 시술 전 반드시 손과 모든 도구는 소독한다.
② 전처리제가 눈에 들어가지 않게 5겹 솜이나 마이크로 브러시를 사용한다.
③ 속눈썹 펌 아이패치 혹은 테이프는 눈이 불편하더라도 최대한 가깝게 부착한다.
④ 속눈썹 펌액이 눈에 들어가지 않도록 주의한다.

TIP 속눈썹 펌 아이패치 혹은 테이프는 눈이 불편하지 않게 부착해야 한다.

38 속눈썹 펌 시술 중 제1액 도포 방법의 설명으로 옳지 않은 것은?

① 속눈썹 연화를 위해 뒤꼬리 쪽부터 제1액을 도포한다.
② 연화타임은 약 15분 내외로 설정한다.
③ 튕긴 모가 있을 경우 펌지로 고정해 준다.
④ 고글을 씌우지 않아도 펌액이 골고루 연화되기 때문에 따로 쓸 필요는 없다.

TIP 냉난방기와 고객의 피부 온도에 따라서 펌액의 흡수율과 시간이 달라질 수 있으므로 고글을 사용하는 것이 좋다.

39 속눈썹 펌 시술 중 제2액 도포 방법의 설명으로 옳지 않은 것은?

① 제1액 도포 후 연화가 끝나면 미세 브러시를 이용하여 제1액을 닦아낸다.
② 펌 제2액을 발라 산화를 시작한다.
③ 펌지를 붙여준다.
④ 제2액 산화 시간은 제1액과 동일하게 약 15분 내외로 설정한다.

TIP 제2액의 산화 시간은 약 5분 내외로 설정한다.

40 제2액 산화시간이 끝난 뒤의 순서로 알맞지 않은 것은?

① 펌글루를 제거하기 위해 전처리제를 솜에 묻힌 뒤 눈에 10초간 올려둔다.
② 속눈썹을 닦아준 뒤 롯드와 언더패치를 제거한다.
③ 헤어용 샴푸를 사용해도 되므로 샴푸 거품을 내준다.
④ 샴푸 거품을 눈꼬리부터 도포한 뒤 세정해 준다.

TIP 속눈썹용 샴푸를 사용하여야 한다.

정답 36. ③ 37. ③ 38. ④ 39. ④ 40. ③

41 **속눈썹 펌 시술 전 확인해야 할 사항으로 맞지 않은 것은?**

① 눈 관련 질환이 있는지
② 피부질환이 있는지
③ 속눈썹이 매우 얇고 약한지
④ 시력이 어느 정도인지

> TIP 속눈썹 펌 시술 전 시력은 확인하지 않아도 된다.

42 **속눈썹 펌을 할 때 안정성에 대한 설명으로 옳지 않은 것은?**

① 안정성을 가장 우선으로 생각하여야 한다.
② 눈 주위 피부 자극이 약한 사람이나 알레르기 체질인 경우는 눈에 들어가지 않더라도 글루에 화학물질로 인해 눈이 시리거나 반점이 나오는 경우가 있다.
③ 카운슬링 안에 반드시 자신의 체질, 알레르기 등의 올바른 정보와 정확한 승낙을 받아야 한다.
④ 알레르기가 올라왔더라도 고객이 원한다면 시술을 계속해도 좋다.

> TIP 알레르기가 올라왔다면 그 즉시 시술을 중단하고 병원을 권유해야 한다.

43 **속눈썹 컬 시술을 할 때 제품 관련 주의사항으로 옳지 않은 것은?**

① 롯드는 세척과 소독을 하더라도 반복 사용할 수 없으므로 폐기한다.
② 사용 후 남은 속눈썹 컬 크림은 2~3일 안에 밀봉하여 사용 가능하다.
③ 모든 제품은 서늘한 장소에 보관하며, 개봉 후에는 꼭 밀봉한다.
④ 속눈썹 전용 제품을 사용하며, 성분, 사용기한을 확인한다.

> TIP 롯드는 세척과 소독을 해서 반복 사용할 수 있다.

44 **속눈썹 펌의 지속성에 대한 설명으로 옳은 것은?**

① 속눈썹 펌은 반영구적이므로 한 번만 시술해도 유지력이 좋다.
② 속눈썹 펌은 사람에 따라 차이가 있지만 2~8주 정도 지속된다.
③ 시술 후 시간이 지나도 고르게 자라기 때문에 10주 정도 지속된다.
④ 펌 시술 후 새로 나게 되는 모도 컬링이 있게 자라기 때문에 더 이상 시술하지 않아도 된다.

> TIP 속눈썹 펌 시술 후 2~8주 정도 지속되며, 고르게 자라지 못하고 새로 나게 되는 모는 컬이 없는 직모의 속눈썹으로 자란다.

정답 41. ④ 42. ④ 43. ① 44. ②

45 속눈썹 펌 시술 순서로 옳은 것은?

① 재료 준비-소독-클렌징-롯드 선정-속눈썹 부착-제1액 방치-제2액 방치-샴푸 - 에센스
② 소독-재료 준비-롯드 선정-클렌징-속눈썹 부착-제1액 방치-제2액 방치-샴푸 - 에센스
③ 에센스-소독-클렌징-재료 준비-롯드 선정-속눈썹 부착-제2액 방치-제1액 방치 - 샴푸
④ 샴푸-에센스-클렌징-재료 준비 - 롯드 선정-속눈썹 부착-제1액 방치-제2액 방치 - 소독

TIP 재료 준비-손소독-메이크업 클렌징-눈매에 맞는 롯드 선정-속눈썹 롯드에 부착-제1액 방치-제2액 방치-샴푸-에센스가 시술 순서이다.

46 속눈썹 컬 시술 시에 조심해야 할 점으로 옳지 않은 것은?

① 속눈썹 컬 크림은 눈 주위 전체에 발라준다. 순한 성분이므로 눈에 들어가도 괜찮다.
② 컬이 나오게 하는 시간을 세심히 체크하고 컬을 고정하는 것 또한 주의를 기울인다.
③ 속눈썹과 눈 주위를 깨끗하게 클렌징한 후에 마지막 단계에서 속눈썹 에센스를 바른다.
④ 카운슬링을 통해 고객의 건강상태 등을 확인한 후에 요청하는 컬에 대해 대응한다.

TIP 속눈썹 컬 크림은 속눈썹에만 바른다. 눈에 들어가거나 흘러넘치지 않게 조심한다.

47 산화제의 종류가 아닌 것은?

① 과산화수소
② 브롬산칼륨
③ 시스테인
④ 브롬산나트륨

TIP 시스테인은 환원제의 종류다.

48 환원제의 종류가 아닌 것은?

① 시스테인
② 과산화수소
③ 치오글리콜산
④ 아황산수소나트륨

TIP 과산화수소는 산화제의 종류이다.

49 속눈썹 펌 시술 시에 제품 관련 주의사항인 것은?

① 속눈썹이 상할 수 있으므로 연속으로 시술하지 않는다.
② 속눈썹 컬 글루는 눈 주위에 사용 가능한 것만을 사용한다.
③ 피부에 이상이 있는 경우 시술하지 않는다.
④ 눈과 눈 주위 피부가 약한 분은 속눈썹 컬 크림에 반응이 있을 수 있으므로 고객에게 알린다.

TIP 제품 관련 주의사항은 ②번이다.

정답 45. ① 46. ① 47. ③ 48. ② 49. ②

50 속눈썹 펌 시술 후 손질 방법이 옳은 것은?

① 컬을 시술받은 당일은 컬 크림 성분이 남아있을 수 있으므로, 클렌징 성분으로 눈과 속눈썹을 꼼꼼하게 비벼 세안해야 한다.

② 시술 후에는 눈 주위를 조심스럽게 씻는 것을 항상 유념한다. 눈 주위를 강하게 씻거나 비비거나 하면 속눈썹이 빠지고 속눈썹의 손상 원인이 된다.

③ 아름다운 속눈썹 컬을 유지하기 위해서는 속눈썹 전용 컬 관리 제품을 사용하는 것을 권한다.

④ 컬이 꼬이는 것을 방지하기 위해 조심스럽게 세안을 해주며, 빗질을 잘해준다.

TIP 시술 당일은 클렌징 성분으로 눈과 속눈썹을 심하게 비비지 않는다.

51 속눈썹 펌 시술 시 유의사항으로 옳은 것은?

① 시술 전 손과 도구는 소독하지 않아도 된다.

② 전처리제가 눈에 들어가지 않게 손가락을 이용한다.

③ 속눈썹 펌 아이패치 혹은 테이프는 눈이 불편하지 않게 부착한다.

④ 속눈썹 펌 액은 눈에 들어가도 자극이 안 되므로 조심하지 않아도 된다.

TIP 시술 전 반드시 손과 도구를 소독해야 하며, 전처리제가 눈에 들어가지 않도록 5겹 솜이나 마이크로 브러시를 사용해야 한다. 속눈썹 펌 액은 눈에 들어가지 않도록 주의한다.

52 속눈썹 펌 시술 전 시술자가 준비해야 하는 것은?

① 책상 위에 재료를 정리할 흰색 수건을 준비한다.

② 준비물을 손에 잡기 쉬운 위치에 대충 세팅한다.

③ 위생 봉투를 고객이 들고 있게 한 뒤, 쓰레기를 수거한다.

④ 시술자의 옷은 펌 시술과 관계가 없으므로 편한 옷을 입도록 한다.

TIP 위생쟁반과 도구 트레이를 이용하여 준비물을 가지런히 세팅한 뒤, 위생 봉투를 책상에 부착하여 쓰레기를 반드시 수거해 가야 한다. 시술자는 흰색 위생 가운을 입고 흰색 마스크와 위생모를 착용하여야 한다.

53 환원작용을 위한 환원제에 대한 설명으로 틀린 것은?

① 암모니아 – 휘발성이 좋으나 냄새가 심하게 난다.

② 모노에탄올아민(MEA) – 잔류 가능성이 매우 높고, 냄새도 심하게 난다.

③ ph는 높으나 점성이 묽다면 안심해서 사용할 수 있다.

④ 모발이 절단되거나 녹는 것을 최소화하려면 시술 후 반드시 샴푸와 물로 헹궈줘야 한다.

TIP 모노에탄올아민은 냄새가 전혀 나지 않지만, 잔류 가능성이 매우 높다.

정답

50. ① 51. ③ 52. ① 53. ②

54 속눈썹 연장 작업 전 고객과의 카운슬링에 관한 내용으로 옳지 않은 것은?

① 시술 기법, 고객의 건강상태 등에 의한 어떤 증상이 나올 우려 등을 고려하여 차근차근 조사해 지식을 쌓아야 한다.
② 이상이 없더라도 안구 관련 질환에 관하여 불안이 있는 고객은 의사에게 상담받게 한다.
③ 안구에 충혈 등의 가벼운 증상이 있는 경우에도 절대 시술 불가능하다.
④ 공통되게 질문이 나오는 것들은 미리 준비하여 카운슬링에 대응하는 것이 좋으며, 되도록 알기 쉽게 설명하고, 신뢰 관계를 쌓는 것도 매우 중요하다.

TIP 병세에 따라 가벼운 증상이 있는 경우에는 시술이 가능한 경우도 있다. 하지만 의사의 상담이 끝난 후에 고객의 상태가 양호하고, 상호 간의 확인이 확실할 때 시술을 들어가는 것이 좋다.

55 속눈썹 펌 시술 시 유의해야 할 점이 아닌 것은?

① 속눈썹 컬 크림의 사용 지속 기간은 종류, 모질, 실온 등에 따라 차이가 있다.
② 너무 시간을 소요해 속눈썹 컬 크림을 바르게 되면 속눈썹에 상처가 생길 우려가 있으므로 주의하며 시술한다.
③ 착색이 있는 상태 부분은 변색할 우려가 있으므로 주의한다.
④ 속눈썹 컬 시술을 받았을 경우 제품 잔여물을 씻어내기 위해 눈 주위를 강하게 씻어내라고 고객에게 충분히 전달한다.

TIP 속눈썹 컬 시술 후에는 눈 주위를 강하게 씻거나 비비지 않도록 전달해야 한다.

56 속눈썹 펌 시술 시에 준비해야 할 준비물로 옳은 것은?

① 마이크로 브러시
② 오일
③ 순간접착제
④ 두피용 펌제

TIP 마이크로 미세 브러시를 이용해 전처리제를 닦아줘야 하므로 필요하다.

57 속눈썹 펌의 원리로 옳지 않은 것은?

① 모발조직에 변화를 주어 컬링을 만든다.
② 제1액은 속눈썹을 중화하는 역할을 한다.
③ 롯드에 부착하여 속눈썹을 연화하고 중화한다.
④ 제2액은 속눈썹을 중화하는 역할을 한다.

TIP 제1액은 속눈썹을 연화시키는 역할을 한다.

58 속눈썹 펌제의 작용 원리에 대해 옳지 않은 것은?

① 제1액의 환원작용을 이용한다.
② 제2액의 환원작용을 이용한다.
③ 제2액의 산화작용을 이용한다.
④ 제1액의 환원작용은 시스틴 결합을 화학적으로 절단시켜 원하는 형태로 컬링을 만드는 것이다.

TIP 제2액은 산화작용을 일으킨다.

정답
54. ③ 55. ④ 56. ① 57. ② 58. ②

59 속눈썹 펌 시술 전 체크해야 하는 것으로 옳지 않은 것은?

① 속눈썹이 매우 얇고 약한 경우, 컬이 제대로 나오지 않거나 자연 속눈썹에 손상이 있을 수 있으므로 사전에 고객에게 설명하고 시술 여부를 확인하는 것이 중요하다.

② 미용성형 직후 또는 예정이면 성형의 상처 회복 후에 시술받도록 한다.

③ 각막에 작은 상처나 손상이 있는 경우 당일 시술을 하지 않는다.

④ 시술 전날 숙면을 취했는지 체크해야 한다.

TIP 수면시간과 속눈썹 펌 시술은 관계가 없다.

60 양식 승낙서(시술 동의서)가 필요한 이유로 알맞지 않은 것은?

① 전문 사전 양식과 승인서 준비가 필요하다.

② 카운슬링을 확실히 하고 양식을 기재하며, 고객 본인이 이해한 후에 자필 서명을 받아 놓는다.

③ 혹시나 일어날 수 있는 트러블이 있을 때 변명할 수 있으므로 고객의 상태 등을 기재해 둔다.

④ 양식 승낙서는 고객과 시술자 간의 기록이므로 꼭 보관해 놓도록 한다.

TIP 양식은 혹시 일어날 수 있는 트러블의 원인을 조사할 때 필요하다.

61 아름다운 컬링을 위한 필수 요소가 아닌 것은?

① 펌제의 방치 시간

② 안정적인 보습

③ 보온의 유지

④ 고객의 눈 모양

TIP 고객의 눈 모양보다 펌제의 방치 시간, 안정적인 보습과 보온의 유지가 중요하다.

서술형

62 속눈썹 펌은 속눈썹 펌제를 사용한 화학적인 원리를 응용하는 것이다. 펌제의 특성에 관하여 서술하시오.

정답

59. ④ 60. ③ 61. ④ 62~64. 61쪽 참고

63 속눈썹 펌을 시술할 때, 속눈썹 모(毛)의 굵기, 온도, 습도 등 여러 조건에 따라 펌제의 방치 시간이 달라진다. 모(毛)의 굵기에 따른 펌 시술의 특징에 관하여 설명하시오.

64 속눈썹 펌을 시술할 때, 속눈썹 모(毛)의 굵기, 온도, 습도 등 여러 조건에 따라 펌제의 방치 시간이 달라진다. 주변 온도에 따른 펌 시술의 특징에 관하여 설명하시오.

서술형 정답

62. 속눈썹 펌의 기본원리는 속눈썹 펌제를 일정 시간 속눈썹에 방치하여 환원작용과 산화작용을 이용한 것이다. 제1액은 환원작용으로 속눈썹의 시스틴 결합을 환원시켜 속눈썹을 원하는 형태로 컬링할 수 있도록 한다. 일반적으로 대표적인 환원제는 치오글리콜산이 있으며, 알카리성을 띈다.
제2액은 산화작용으로 원하는 형태의 컬을 만든 후, 다시 시스틴 결합으로 산화시켜 컬을 고정하는 역할을 한다. 대표적인 산화제는 과산화수소, 브롬산나트륨 등이 있으며 산성을 띠는 것이 특징이다.

63. 아름다운 컬링이 나오기 위해서는 펌제의 방치 시간이 매우 중요하다. 방치 시간은 대부분 브랜드별 펌제마다 다르지만, 제1액 평균 15분 내외, 제2액 평균 5~8분 내외로 방치하게 된다.
보통 속눈썹 모의 굵기인 0.7mm를 기준으로 15분을 방치하고, 이보다 굵으면 +2분, 얇으면 −2분 정도 방치 시간을 조절한다.

64. 아름다운 컬링이 나오기 위해서는 펌제의 방치 시간이 매우 중요하다. 방치 시간은 대부분 브랜드별 펌제마다 다르지만, 제1액 평균 15분 내외, 제2액 평균 5~8분 내외로 방치하게 된다.
시술 환경 주변의 온도는 22도에서 25도일 때 가장 펌이 잘 나온다. 이보다 온도가 높으면 −2분, 낮으면 +2분 방치하도록 한다.

PART 02

실전 모의고사

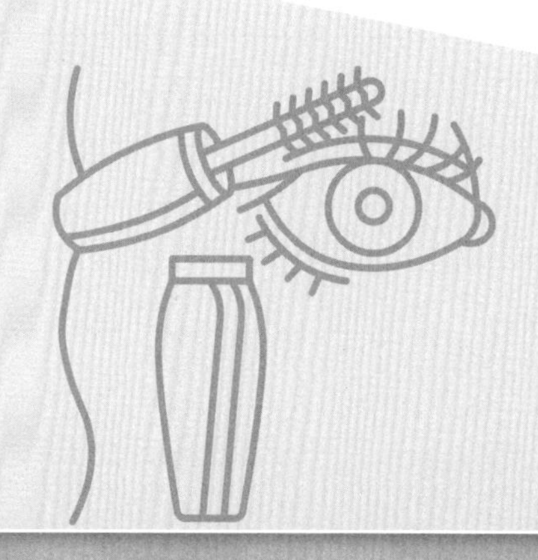

제1회 실전 모의고사 (2급 대비)

객관식 각 1.25점
정답 및 해설 P97

01 속눈썹에 관한 설명으로 가장 거리가 먼 것은?

① 눈꺼풀 가장자리를 따라 모낭지선에서 자라는 모(毛)이다.
② 속눈썹의 굵기와 길이는 인종, 성별, 나이, 환경 등에 따라 차이가 있다.
③ 서양 여성의 속눈썹은 숱이 적고 아래로 처진 형태의 곧은 직모가 많다.
④ 눈의 가운데 부분의 속눈썹이 가장자리 쪽보다 길이가 길다.

02 한국인의 평균 속눈썹 길이와 개수에 대한 설명으로 가장 옳은 것은?

① 약 6~7mm 정도로 60~80개 정도
② 약 8~10mm 정도로 80~100개 정도
③ 약 8~12mm 정도로 100~180개 정도
④ 약 10~12mm 정도로 160~200개 정도

03 속눈썹 디자인의 기능에 관한 설명으로 가장 거리가 먼 것은?

① 빛의 강약에 따라 동공 크기를 조절해 눈으로 들어오는 빛을 조절하는 효과
② 눈매를 크고 또렷하게 만들고, 눈썹이 풍성해 보이는 효과
③ 얇거나 처진 속눈썹을 선명하고 컬이 있어 보이게 하는 효과
④ 양 눈의 크기나 쌍꺼풀 모양이 다를 때, 눈 형태의 수정 및 보완 효과

04 자연 속눈썹을 컬링하는 도구의 이름은?

① 핀셋
② 트위저
③ 팔레트
④ 아이래시 컬러

05 기독교의 금욕주의 영향으로 메이크업이 경멸의 대상이 되었으며, 속눈썹과 눈썹을 제거하는 것이 유행했던 시기는?

① 고대 이집트
② 중세
③ 근세
④ 근대

06 칼 네슬레(Karl Nessler)는 헤어 퍼머넌트 웨이브 기기 개발에 이어 직물로 만든 인조 속눈썹을 제작하여 판매하였다. 인조 속눈썹을 개발한 시기는?

① 1882년
② 1902년
③ 1923년
④ 1945년

07 영화배우들의 메이크업 유행과 더불어 일회용 속눈썹이 대중화되기 시작한 시기는?

① 1910년대
② 1930년대
③ 1950년대
④ 1970년대

08 한국에서 속눈썹 연장(Eyelashes Extension)이 본격적으로 이루어지기 시작한 때는?

① 1970년대
② 1980년대
③ 1990년대
④ 2000년대

09 섬유소가 들어있으며 나선형 솔을 주로 사용하는 마스카라의 종류는?

① 볼륨(Volume) 마스카라
② 컬링(Curling) 마스카라
③ 롱 래시(Long lashes) 마스카라
④ 워터 프루프(Water Proof) 마스카라

10 인조 속눈썹 대에 풀(글루)을 발라 눈에 부착하는 것으로 일반적인 메이크업 기법에서 사용하는 것은?

① 속눈썹 연장(延長)
② 인조 속눈썹 연출(演出)
③ 속눈썹 증모(增募)
④ 눈썹 펌(Permanent Wave)

11 속눈썹은 눈의 어떤 부위의 가장자리를 따라 자라는가?

① 안와(Orbit)
② 눈꺼풀(Eyelid)
③ 결막(Conjunctiva)
④ 안근(Ocular Muscle)

12 모(毛, 털)에 관한 설명으로 틀린 것은?

① 모(毛)의 일반적인 수명은 1~2년이다.
② 피부의 표피층에서 발생하며 손바닥, 발바닥, 입술, 유두, 점막, 음부를 제외한 전신에 분포한다.
③ 모(毛)의 기능은 체온 조절 기능, 자외선 및 외부 물질로부터 보호 기능 등이 있다.
④ 모(毛)의 수분 함량은 12% 정도이고 1일 약 0.34~0.35mm가 자란다.

13 모간부는 모발의 표피 외부로 나와 있는 부분이다. 가장 바깥 부분은?

① 모표피
② 모피질
③ 모수질
④ 모모세포

14 모낭에 부착된 나선형 구조로 진피의 깊숙한 곳에서 분출되며, 냄새가 있는 점성이 있는 땀을 분비하는 것은?

① 소한선
② 대한선
③ 피지선
④ 에크린선

15 속눈썹의 색이 하얗게 변하는 원인으로 가장 거리가 먼 것은?

① 멜라닌이 적은 경우
② 멜라닌이 많은 경우
③ 노화가 진행된 경우
④ 백색증의 질환이 있는 경우

16 속눈썹 모(毛)의 생장을 저해하는 요인이 아닌 것은?

① 영양소의 과잉 섭취
② 암 수술 후 항암치료
③ 혈액순환의 장애
④ 모유두의 기능 저하

17 속눈썹의 평균 하루 성장 정도는?

① 약 0.01~0.018mm
② 약 0.1~0.18mm
③ 약 1~1.8mm
④ 약 10~18mm

18 뽑힌 속눈썹 자리에서 다시 성장하는 데 걸리는 시간은?

① 1~2주
② 4~5주
③ 7~8주
④ 10~11주

19 속눈썹의 성장주기에 대한 연결로 바른 것은?

① 생장기 → 퇴행기 → 휴지기
② 퇴행기 → 휴지기 → 생장기
③ 휴지기 → 생장기 → 퇴행기
④ 생장기 → 휴지기 → 퇴행기

20 안구의 수정체가 혼탁해져서 시력장애를 일으키는 질병은?

① 결막염 ② 녹내장
③ 백내장 ④ 약시

21 탈모증, 뇌하수체 기능 저하, 갑상선 기능 저하, 잘못된 화장품 사용 등에 의한 부작용으로 나타날 수 있는 속눈썹 질환은?

① 유루증
② 첩모탈락증
③ 안구진탕증
④ 첩모탈락증

22 동물의 털을 이용하여 만든 것으로 합성섬유보다 가볍고 자연스러운 가모(假毛)는?

① 인모
② 실크모
③ 천연모
④ 단백질모

23 가볍고 자연스러운 장점이 있으나 모의 상태가 불규칙한 단점이 있는 가모(假毛)는?

① 인모
② 실크모
③ PVC모
④ 단백질모

24 다음 중 컬의 각도가 가장 큰 가모(假毛)는?

① J컬
② JC컬
③ C컬
④ CC컬

25 고객의 속눈썹 숱이 적을 경우 사용하기 가장 적합한 가모(假毛)는?

① C컬
② L컬
③ Y래쉬
④ CC컬

26 속눈썹 글루(Glue) 보관법에 관한 설명으로 틀린 것은?

① 화기 주변을 피해서 보관한다.
② 반드시 눕혀서 실내 서늘한 곳에 보관한다.
③ 유통기한, 사용기한 내에 보관 · 사용하도록 한다.
④ 사용 후 입구 부분을 잘 닦아내고 뚜껑을 닫아 보관한다.

27 시술 전 속눈썹에 붙어 있는 이물질이나 유분기를 제거하기 위해 사용하는 것은?

① 패치
② 글루
③ 팔레트
④ 전처리제

28 핀셋의 관리 방법으로 가장 옳은 것은?

① 먼지가 묻지 않도록 사용 후 바로 케이스에 보관한다.
② 핀셋은 위생을 위해 일회용으로 사용한다.
③ 자외선 소독기에 넣어 소독 후 사용한다.
④ 소독을 위해 불에 지져 사용한다.

29 속눈썹 연장 시 아이패치나 테이프를 붙인다. 그 역할로 가장 거리가 먼 것은?

① 속눈썹 연장 작업을 쉽게 하려고
② 핀셋이 피부에 바로 닿지 않게 하려고
③ 고객의 눈 건강을 위해
④ 윗눈썹과 아랫눈썹이 붙지 않게 하려고

30 속눈썹 연장 시술 시 가모의 접착력을 높여주기 위한 재료는?

① 마스카라
② 립앤아이 리무버
③ 글루 리무버
④ 전처리제

31 소독제의 구비조건과 거리가 먼 것은?

① 소량으로도 살균력이 강해야 한다.
② 물품에 표백성이 있어야 한다.
③ 안정성이 있어야 한다.
④ 인체에 해가 없어야 한다.

32 눈꼬리 부분에 10~12mm의 긴 가모를 사용하는 것을 추천하는 눈의 형태는?

① 외겹 눈
② 길고 가느다란 눈
③ 올라간 눈
④ 쌍꺼풀이 큰 눈

33 중앙 눈동자 부분에 포인트를 두고 전체적으로 컬이 풍성한 가모를 사용하여 현대적인 이미지를 연출하는 것을 추천하는 눈의 형태는?

① 처진 눈
② 외겹 눈
③ 올라간 눈
④ 쌍꺼풀이 큰 눈

34 양쪽 눈의 시작 부분에 가모의 포인트를 두는 것이 추천되는 눈의 형태는?

① 올라간 눈
② 쌍꺼풀이 큰 눈
③ 미간 사이가 좁은 눈
④ 미간 사이가 넓은 눈

35 귀여운 이미지를 표현하기 위한 속눈썹 연장 방법으로 적합한 것은?

① 눈 앞머리에 굵은 가모를 사용한다.
② 눈꼬리에 얇고 가벼운 가모를 사용한다.
③ 본래 속눈썹보다 짧고 볼륨감이 있는 가모를 사용한다.
④ 본래 속눈썹보다 길고 컬링이 있는 가모를 사용한다.

36 모던한 눈 이미지를 만들기 위한 속눈썹 연장으로 가장 적합한 것은?

① 눈 가운데 부분을 강조한다.
② 매우 풍성한 가모를 사용한다.
③ 내추럴 스타일보다 조금 더 진한 가모를 사용한다.
④ 볼륨감과 컬링이 강한 가모를 눈꼬리에 연출한다.

37 섹시 이미지의 속눈썹 연출 시, 가장 긴 가모를 붙여야 하는 부분은?

① 눈 앞머리 포인트
② 눈 중앙 포인트
③ 눈 2/3 포인트
④ 눈꼬리 포인트

38 민속적이고 화려한 이미지를 무엇이라 하는가?

① 모던 이미지
② 에스닉 이미지
③ 엘레강스 이미지
④ 소피스트케이트 이미지

39 에스닉 이미지에 가장 잘 어울리는 속눈썹 디자인은?

① 컬링이 강한 가모를 사용한다.
② 눈 가운데 부분에 두꺼운 속눈썹으로 강조한다.
③ 얇은 가모를 사용하여 자연스럽게 연출한다.
④ 길고 짧은 가모를 반복 사용하여 연출한다.

40 미간 사이가 넓은 경우, 가장 잘 어울리는 속눈썹의 길이는?

> ㉠ 앞머리의 속눈썹 길이
> ㉡ 중앙의 속눈썹 길이
> ㉢ 눈꼬리의 속눈썹 길이

① ㉠ 9~10mm, ㉡ 10~11mm, ㉢ 8mm
② ㉠ 8mm, ㉡ 9~10mm, ㉢ 12~13mm
③ ㉠ 10~11mm, ㉡ 10~11mm, ㉢ 10~11mm
④ ㉠ 8mm, ㉡ 10~11mm, ㉢ 12~13mm

41 다음 중 속눈썹 연장 실기 재료에 해당되지 않는 것은?

① 전처리제
② 마이크로 브러시
③ 실리콘 롯드
④ 인증 글루

42 속눈썹 연장 실기 준비를 위한 유의사항으로 맞지 않는 것은?

① 마네킹의 눈 크기에 맞게 인조 속눈썹의 가로 길이를 잘라 조절하고, 접착제를 바른 후 적절한 위치에 부착한다.
② 눈매의 곡선에 맞추어 아이패치를 인조 속눈썹보다 아래 적절한 위치에 부착한다.
③ 솜에 알코올을 묻혀 마네킹도 소독한다.
④ 핀셋 외 도구들은 소독하지 않아도 재사용이 가능하다.

43 작업 도중 글루가 피부에 묻었을 때, 무엇으로 제거하는 것이 좋은가?

① 핀셋
② 면봉
③ 리무버
④ 스크루 브러시

44 가모를 붙이는 방법으로 옳지 않은 것은?

① 가모와 부착할 속눈썹과의 각도는 일자(평행)를 유지한다.
② 뿌리가 뜨지 않게 시술하여야 한다.
③ 핀셋을 위로 들어 올린다.
④ 핀셋으로 가모의 3분의 2지점을 잡은 후 가슴 방향으로 정면을 향해 들어 올린다.

45 속눈썹 연장 기본형(부채형)의 기준점으로 옳지 않은 것은?

① 인조 속눈썹의 중앙에 12mm의 가모로 기준을 잡아준다. 이때 반드시 속눈썹 뿌리에서 0.1~0.2mm의 간격을 띄우고 시술한다.
② 속눈썹 앞머리 2~3가닥에는 가모를 붙이지 않으며, 속눈썹 앞머리는 8mm로 시술한다. 속눈썹 꼬리는 9mm로 시술한다.
③ 핀셋으로 인조 속눈썹을 가르고, 한 올에 3가닥씩 붙인다.
④ 속눈썹 앞머리부터 8, 9, 10, 11, 12, 11, 10, 9mm의 길이 순서로 시술하며, 길이별로 기준점을 잡아주며 시술하는 것이 좋다.

46 속눈썹 연장 작업 시 시술자의 올바른 자세는?

① 고객의 안전을 보장하는 범위에서 작업한다.
② 작업 도중 절대로 말을 하지 않는다.
③ 동시에 여러 고객에게 시술한다.
④ 시술자가 편하도록 작업대를 셋팅한다.

47 속눈썹 시술 순서로 가장 적절한 것은?

㉠ 속눈썹 시술 ㉡ 전처리제 처리 ㉢ 아이패치 부착 ㉣ 눈썹빗으로 정리

① ㉠ – ㉡ – ㉢ – ㉣
② ㉡ – ㉣ – ㉠ – ㉢
③ ㉢ – ㉡ – ㉠ – ㉣
④ ㉣ – ㉠ – ㉢ – ㉡

48 3D 증모의 특징으로 알맞지 않은 것은?

① Y래쉬(또는 W래쉬) 한 가닥에 2개나 3개의 모가 연결된 증모 가모로 시술한다.
② 풍성한 눈썹 연출이나 숱이 적거나 속눈썹 방향이 일정하지 않은 경우, 전체 모를 시술하지 않아도 풍성한 속눈썹을 연출할 수 있다.
③ 시술 시간이 오래 걸린다는 단점이 있다.
④ 속눈썹 앞머리부터 8, 9, 10, 11, 12, 11, 10, 9mm의 기준점 사이사이에 3D 증모 Y래쉬나 W래쉬를 길이별로 시술하여 증모한다.

49 가모를 붙일 때 글루가 뿌리에 닿지 않게 시술해야 하는 이유로 옳은 것은?

① 뿌리에 글루가 닿으면 굳어서 눈이 무겁고 아프다.
② 피부에 접촉 시 영구적으로 굳어버려서 뗄 수 없다.
③ 다음 시술 시 굳은 글루를 녹여서 재사용할 수 있으므로 뿌리에 닿게 시술한다.
④ 글루의 양이 많아야 시술 후 유지 기간이 길어진다.

50 눈매가 양옆으로 길고 도외적 · 서구적 이미지에 어울리는 시술 스타일로 옳은 것은?

① 큐티 스타일 J컬
② 볼륨 라운드 스타일 C컬
③ 섹시 스타일 J컬
④ 레이어드 스타일 JC컬

51 5D 증모 시술 방법으로 옳지 않은 것은?

① 속눈썹 꼬리 9mm와 눈 중앙 12mm 사이 중앙에 기준점을 잡아 11mm로 시술한다.
② 속눈썹 앞머리 8mm와 11mm 가운데 기준점을 잡아 10mm로 시술한다.
③ 속눈썹 앞머리부터 8, 9, 10, 11, 12, 11, 10, 9mm의 기준점 사이사이에 J컬 래쉬로 증모한다.
④ 전체적으로 자연스럽게 부채꼴 모양이 되도록 완성한다.

52 볼륨 라운드 스타일 C컬의 설명으로 옳지 않은 것은?

① C컬의 시술 테크닉에 중점을 둔다.
② 핀셋은 가모의 1/2 지점을 잡는다.
③ 글루는 2/3 지점까지 묻힌다.
④ 시술 후 눈썹 뿌리 부근의 접착 각도를 확인한다.

53 속눈썹 연장 실기 방법으로 옳지 않은 것은?

① 글루의 양을 적절하게 조절하여 뿌리에 흘러내리거나 속눈썹에 방울져서 뭉치지 않아야 한다.
② 속눈썹 앞머리 부분까지 꽉 채워서 연장해야 한다.
③ 완성된 상태는 각 과제별 디자인 시안과 같아야 하며, 붙여진 가모의 상태는 각도, 방향, 길이가 일정해야 한다.
④ 가모 시술 시 모근에서부터 최소 0.1mm 떼어서 부착하고 일정한 간격을 유지한다.

54 속눈썹 연장을 위한 가모 선택 방법으로 가장 옳은 것은?

① 가장 두꺼운 가모가 가장 오래 유지된다.
② 얇은 속눈썹일수록 굵은 가모를 많이 붙인다.
③ 고객의 속눈썹이 짧을 경우, 아주 길게 붙인다.
④ 고객의 속눈썹이 가늘고 약한 경우, 가벼운 가모를 선택한다.

55 시간 단축의 장점이 있으며 부분 볼륨에 시술되는 시술로 알맞은 것은?

① 5D 증모
② 섹시 스타일
③ 레이어드 스타일
④ 큐티 스타일

56 가운데로 몰린 눈에 어울리는 연장 스타일은?

① 섹시 스타일
② 큐티 스타일
③ 레이어드 스타일
④ 볼륨 라운드 스타일

57 속눈썹 연장 실기 준비로 옳지 않은 것은?

① 아이패치 부착 시 아래 속눈썹 위에 부착한 상태가 정확해야 한다.
② 반드시 정부가 인정하는 KC 인증 글루를 사용한다.
③ 가모는 굵기 0.20mm 또는 0.25mm, 길이 8~12mm의 J컬, JC컬, C컬을 사용한다.
④ 반드시 한 가닥에 한 올씩 1:1로 부착한다.

58 숱이 적거나 속눈썹 방향이 일정하지 않은 경우에 시술하는 증모로 옳은 것은?

① 큐티 스타일
② 볼륨 라운드 스타일
③ 섹시 스타일
④ 3D 증모

59 레이어드 스타일 JC컬의 시술 방법으로 옳지 않은 것은?

① 인조 속눈썹의 중앙에 JC컬 12mm의 가모로 기준을 잡아준다.
② 속눈썹 앞머리는 JC컬 8mm로 시술한다.
③ 속눈썹 꼬리는 JC컬 10mm로 시술한다.
④ 속눈썹 꼬리와 눈 중앙 사이에 기준점을 잡아 JC컬 11mm로 시술한다.

60 속눈썹 연장 실기의 스타일로 옳지 않은 것은?

① 내추럴 스타일 / 부채꼴 J컬
② 큐티 스타일 J컬
③ 섹시 스타일 C컬
④ 볼륨 라운드 스타일 C컬

61 속눈썹 펌 시술 시 최대 유지 기간으로 옳은 것은?

① 2주
② 4주
③ 6주
④ 8주

62 속눈썹의 주성분으로 옳은 것은?

① 비타민
② 케라틴
③ 지방
④ 콜라겐

63 속눈썹 펌 시술 전 준비해야 하는 것은?

① 위생쟁반과 도구 트레이를 이용하여 준비물을 가지런히 세팅한다.
② 눈 및 눈 주변 알레르기 및 질환에 관하여 반드시 체크한다.
③ 위생 봉투를 책상에 부착하여 쓰레기를 반드시 수거할 수 있도록 한다.
④ 고객이 원하는 속눈썹 펌의 디자인을 체크하지 않는다.

64 시술 전 고객 카운슬링을 할 때 필요한 주요 질문 내용이 아닌 것은?

① 눈 주변의 피부 상태에 대해 알고 있는지
② 시술에 관해서 불안한 점이 있는지
③ 패치테스트를 요망하는지
④ 시술 금액에 대해 알고 있는지

65 컬링이 아름답게 나오기 위해서 펌제를 평균적으로 방치하는 시간으로 알맞은 것은?

① 제1액 15분 내외, 제2액 10분 내외
② 제1액 5~8분 내외, 제2액 15분 내외
③ 제1액 15분 내외, 제2액 7~8분 내외
④ 제1액 20분 내외, 제2액 3분 내외

66 시술 환경 주변의 온도와 습도가 가장 이상적으로 짝지어진 것은?

① 온도 : 25~28℃, 습도 : 60~70%
② 온도 : 22~25℃, 습도 : 30~40%
③ 온도 : 22~25℃, 습도 : 45~55%
④ 온도 : 20~23℃, 습도 : 40~50%

67 속눈썹 펌 시술의 주의사항이 아닌 것은?

① 카운슬링을 통해 고객의 건강상태 등을 확인한 후에 요청하는 컬에 대해 대응한다.
② 알맞은 사이즈의 롯드를 선택하고 속눈썹 컬 전용 글루로 속눈썹을 하나하나 붙인다.
③ 컬이 나오게 하는 시간을 세심히 체크하고 컬을 고정하는 것 또한 주의를 기울인다.
④ 속눈썹 펌 시술 후 에센스를 바르게 되면 컬이 풀릴 수 있으니 바르지 않는다.

68 속눈썹 펌의 작용 원리로 옳은 것은?

① 속눈썹에 열을 가해 컬을 만든 뒤 식혀서 고정시킨다.
② 속눈썹 펌제를 일정 시간 속눈썹에 방치하여 환원작용과 산화작용을 이용한다.
③ 롯드에 속눈썹을 글루로 붙인 뒤 하루 정도 방치하여 둔다.
④ 면봉을 이용해 억지로 들어 올린 뒤 스프레이를 사용한다.

69 고객에게 피부질환이 있는 경우 대처 방법이 아닌 것은?

① 눈 주위에 피부질환이 있는 경우, 의사에게 상담을 먼저 받도록 유도한다.
② 피부가 민감 또는 특이 체질인 경우, 패치테스트를 통해 상담을 유도한다.
③ 눈 주위가 아닌 피부에 뾰루지가 난 경우, 약간의 처치 후 병원을 권유한다.
④ 미용성형 직후 또는 예정이면 성형의 상처 회복 후에 시술받도록 한다.

70 카운슬링을 할 때 질문해야 하는 주요 질문 내용이 아닌 것은?

① 속눈썹 펌에 대해 이해를 하고 있는지
② 눈의 수술 또는 미용성형 등을 하고 있는지
③ 패치테스트를 요망하는지
④ 다른 샵에서 시술을 받아본 적이 있는지

71 속눈썹의 특징으로 옳지 않은 것은?

① 속눈썹은 주성분인 케라틴이라는 탄력성이 있는 경단백질로 구성되어 있다.
② 케라틴의 폴리펩타이드 구조는 속눈썹을 잡아당기면 늘어나고, 힘을 제거해도 원상태로 돌아가지 않는다.
③ 케라틴의 구성 아미노산 중에서 가장 함유량이 많은 시스틴은 황(S)을 함유하고 있다.
④ 케라틴은 각종 아미노산이 펩타이드결합(쇠사슬 구조)을 하고 있다.

72 속눈썹 펌 시술 방법으로 옳지 않은 것은?

① 5겹 솜에 전처리제를 묻혀 눈과 눈두덩이의 유분기를 제거한다.
② 속눈썹 펌글루를 이용하여 롯드에 장착한다.
③ 속눈썹 모를 보호하기 위해 밤을 속눈썹 전체에 바른다.
④ 펌글루를 제거하기 위해 전처리제를 솜에 묻혀서 눈에 10초간 올려둔 뒤 닦아준다.

73 고객관리에 관한 요령으로 바르지 않은 것은?

① 고객의 방문 날짜 기록
② 고객의 전화번호 기록
③ 고객의 가족구성원 기록
④ 고객의 선호 속눈썹 디자인 기록

74 속눈썹 펌 시술 중 제2액의 도포 방법의 설명으로 옳지 않은 것은?

① 제1액 도포 후 연화가 끝나면 미세 브러시를 이용하여 제1액을 닦아낸다.
② 펌 제2액을 발라 산화를 시작한다.
③ 펌지를 붙여준다.
④ 제2액 산화 시간은 제1액과 동일하게 약 15분 내외로 설정한다.

75 속눈썹 펌을 할 때 안정성에 대한 설명으로 옳지 않은 것은?

① 안정성을 가장 우선으로 생각하여야 한다.
② 눈 주위 피부 자극이 약한 사람이나 알레르기 체질인 경우는 눈에 들어가지 않더라도 글루에 화학물질로 인해 눈이 시리거나 반점이 나오는 경우가 있다.
③ 카운슬링 안에 반드시 자신의 체질, 알레르기 등의 올바른 정보와 정확한 승낙을 받아야 한다.
④ 알레르기가 올라왔더라도 고객이 원한다면 시술을 계속해도 좋다.

76 속눈썹 펌 시술 순서로 옳은 것은?

① 재료 준비–소독–클렌징–롯드 선정–속눈썹 부착–제1액 방치–제2액 방치–샴푸 – 에센스
② 소독–재료 준비–롯드 선정–클렌징–속눈썹 부착–제1액 방치–제2액 방치–샴푸 – 에센스
③ 에센스–소독–클렌징–재료 준비–롯드 선정–속눈썹 부착–제2액 방치–제1액 방치 – 샴푸
④ 샴푸–에센스–클렌징–재료 준비 – 롯드 선정–속눈썹 부착–제1액 방치–제2액 방치 – 소독

77 산화제의 종류가 아닌 것은?

① 과산화수소
② 브롬산칼륨
③ 시스테인
④ 브롬산나트륨

78 속눈썹 펌의 원리로 옳지 않은 것은?

① 모발조직에 변화를 주어 컬링을 만든다.
② 제1액은 속눈썹을 중화하는 역할을 한다.
③ 롯드에 부착하여 속눈썹을 연화하고 중화한다.
④ 제2액은 속눈썹을 중화하는 역할을 한다.

79 속눈썹 펌제의 작용 원리에 대해 옳지 않은 것은?

① 제1액의 환원작용을 이용한다.
② 제2액의 환원작용을 이용한다.
③ 제2액의 산화작용을 이용한다.
④ 제1액의 환원작용은 시스틴 결합을 화학적으로 절단시켜 원하는 형태로 컬링을 만드는 것이다.

80 아름다운 컬링을 위한 필수 요소가 아닌 것은?

① 펌제의 방치 시간
② 안정적인 보습
③ 보온의 유지
④ 고객의 눈 모양

제2회 실전 모의고사 (2급 대비)

객관식 각 1.25점
정답 및 해설 P101

01 속눈썹 연장은 미용사 국가기술자격 실기시험의 분류 중 어느 유형에 해당하는가?

① 헤어미용
② 피부미용
③ 네일미용
④ 메이크업

02 한국인의 속눈썹과 언더라인 속눈썹의 평균 길이 연결로 가장 올바른 것은?

① 6~8mm, 4~6mm
② 6~10mm, 4~8mm
③ 8~12mm, 6~8mm
④ 10~14mm, 6~10mm

03 속눈썹 디자인의 역사에 관한 설명 중 가장 옳은 것은?

① 최초 기록은 B.C. 700년경의 고대 로마 시대의 것으로 추정된다.
② 중세에는 코울(Kohl)과 코르크를 화장품 형태로 만들어 속눈썹에 발라 메이크업 하였다.
③ 근세에는 금욕주의의 영향으로 속눈썹을 꾸미지 않았다.
④ 영국의 빅토리아 여왕은 석탄가루와 바셀린으로 만든 마스카라를 사용하였다.

04 엘리자베스 1세 여왕의 붉은 황금색 계열의 모발색과 속눈썹이 유행하였던 시기는?

① 중세 ② 근세
③ 근대 ④ 현대

05 근대 시기 영국의 빅토리아 여왕이 사용했던 마스카라의 주원료는?

① 석탄가루와 바셀린
② 공작석 가루와 연고
③ 코울과 공작석 가루
④ 코르크와 오일

06 1960년대 인조 속눈썹을 붙이거나 아이라인으로 인위적으로 그린 속눈썹을 유행시킨 사람은?

① 트위기
② 마릴린 먼로
③ 그레타 가르보
④ 리타 헤어워드

07 상(像)이 맺히는 부분으로 안구의 가장 안쪽을 덮고 있는 부위는?

① 망막 ② 홍채
③ 각막 ④ 동공

08 물이나 땀에 강하고 건조가 빨라 물에 닿아도 메이크업의 효과가 오래 지속되는 마스카라는?

① 볼륨(Volume) 마스카라
② 컬링(Curling) 마스카라
③ 롱 래시(Long Lashes) 마스카라
④ 워터 프루프(Water Proof) 마스카라

09 흑색, 갈색 등 모발의 밝고 어두운 정도의 색을 결정하는 것은?

① 카로틴
② 스트레스
③ 헤모글로빈
④ 멜라닌 색소

10 모간부의 3개 층 중 머리카락에서 가장 높은 비율을 차지하는 부분은?

① 모피질
② 모표피
③ 모수질
④ 모근부

11 모근부에 해당하며, 모발의 성장을 조절하고 모구에 산소와 영양을 공급하는 것은?

① 모표피
② 모유두
③ 모세혈관
④ 모모세포

12 평균적인 한국인의 속눈썹 두께는?

① 약 0.001~0.0015mm
② 약 0.01~0.015mm
③ 약 0.1~0.15mm
④ 약 1~1.5mm

13 속눈썹의 성장주기 중 생장기의 기간은?

① 1~2주
② 2~4주
③ 4~10주
④ 10~14주

14 속눈썹에 관한 설명 중 퇴행기에 관한 설명으로 옳은 것은?

① 하루에 0.1~0.18mm 정도가 자라는 시기이다.
② 속눈썹의 성장이 멈추고 모낭이 축소되는 단계이다.
③ 속눈썹의 80~90%는 이 시기에 해당한다.
④ 속눈썹이 자연 탈모되고 다시 성장하기까지의 기간이다.

15 교감신경의 흥분이나 추위에 의해 털이 곤두서는 현상은 피부의 어떤 부분의 작용인가?

① 한선
② 피지선
③ 입모근
④ 피하조직

16 안구 안의 안방수의 증가로 인한 압력 상승으로 인해 나타나는 눈의 질환은?

① 사시
② 녹내장
③ 결막염
④ 안검외반

17 다음의 속눈썹 질환 중 쌍꺼풀 수술(안검형성술)로 교정할 수 있는 것은?

① 첩모난생증
② 첩모탈락증
③ 모낭충
④ 안검염

18 피지선 또는 땀샘의 감염에 의해 속눈썹 부근에 나타나는 급성 화농성 질환은?

① 이열첩모
② 백색증
③ 모낭충
④ 다래끼

19 다음 중 탈모에 관한 설명으로 가장 거리가 먼 것은?

① 탈모의 원인에는 스트레스, 약물치료, 수술, 출산 등이 있다.
② 탈모는 모발뿐 아니라 속눈썹, 수염에도 나타날 수 있다.
③ 탈모는 유전적인 영향으로 선천성 탈모만 나타난다.
④ 탈모는 호르몬 분비 정도에 따라 나타나기도 한다.

20 털이 자라지 않는 신체 부위는?

① 발
② 손가락
③ 발바닥
④ 가슴

21 망막에 노란 침착물이 시력을 방해하고, 심할 경우 실명에 이르게 되는 눈의 질환은?

① 안검이완
② 황반변성
③ 안검하수
④ 유루증

22 안검염의 증상으로 가장 거리가 먼 것은?

① 눈곱
② 충혈
③ 눈물
④ 모낭충

23 합성섬유로 만든 원사를 열가공 처리하여 부드러운 탄성과 자연스러운 광택이 특징인 가모(假毛)는?

① 인모　② 천연모
③ 실크모　④ 단백질모

24 고객의 속눈썹이 직모일 때, 교정용으로 사용하기 좋은 가모(假毛)는?

① C컬　② CC컬
③ W래쉬　④ L컬

25 가모(假毛)의 섬유 원사의 일반적인 단위는?

① 데니어
② 텍스
③ 미터
④ 센티미터

26 일반적인 가모 굵기의 범위에 있는 것은?

① 0.001mm
② 0.01mm
③ 0.1mm
④ 1mm

27 속눈썹 연장 작업 시 사용하는 전처리제의 역할로 틀린 것은?

① 속눈썹을 코팅하는 역할
② 속눈썹에 묻은 이물질을 제거하는 역할
③ 속눈썹에 붙은 화장품을 닦아내는 역할
④ 속눈썹의 유분을 닦아내는 역할

28 가모 시술 시 위 속눈썹과 아래 속눈썹이 서로 달라붙지 않게 하려고 사용하는 것은?

① 아이패치
② 글루 리무버
③ 전처리제
④ 우드스틱

29 시술 시 글루를 덜어 사용하는 제품은?

① 패치 ② 팔레트
③ 글루 리무버 ④ 전처리제

30 속눈썹 연장 시술 전 알코올 소독 또는 자외선 소독을 해야 하는 도구는?

① 핀셋
② 패치
③ 우드스틱
④ 눈썹 브러시

31 속눈썹 글루에 관한 설명으로 가장 옳은 것은?

① 글루는 많이 발라야 튼튼하게 접착된다.
② 굳으면 접착성이 더 좋아지므로 살짝 굳혀 사용한다.
③ 자외선 아래 보관하도록 한다.
④ 개봉 후 2~3주 안에 사용하도록 한다.

32 눈꼬리가 많이 처진 고객에게 가장 잘 어울리는 속눈썹 디자인은?

① 눈 앞머리에 조금 긴 가모를 붙인다.
② 눈 중앙에 조금 짧은 가모를 붙인다.
③ 눈 앞머리에 조금 짧은 가모를 붙인다.
④ 눈꼬리에 조금 짧은 가모를 붙인다.

33 눈꼬리 부분이 강조되지 않도록 짧은 가모를 디자인하기 좋은 눈의 형태는?

① 큰 눈
② 동그란 눈
③ 올라간 눈
④ 튀어나온 눈

34 속눈썹 가모 선택 시 유의해야 할 사항이 아닌 것은?

① 고객의 눈매 형태에 따라 길이를 선택한다.
② 고객이 원하는 디자인을 고려한다.
③ 트렌드에 따라 긴 기장의 가모만을 사용한다.
④ 고객 속눈썹의 두께, 길이를 고려한다.

35 눈이 강조되지 않도록 J컬을 사용하여 자연스럽게 시술하는 것이 추천되는 눈의 형태는?

① 처진 눈 ② 동그란 눈
③ 올라간 눈 ④ 튀어나온 눈

36 귀여운 이미지를 표현하기 위한 속눈썹 디자인으로 적합한 것은?

① 눈이 길어 보이도록 눈꼬리가 긴 속눈썹을 연출한다.
② 눈이 동그랗게 보이도록 가운데 부분에 포인트를 준다.
③ 눈이 크게 보이도록 눈 앞머리에 긴 가모를 붙인다.
④ 눈이 작아 보이도록 눈꼬리에 긴 가모를 붙인다.

37 눈 사이의 균형감이 떨어져 허술해 보이는 이미지로 보일 수 있는 눈의 형태는?

① 올라간 눈
② 미간 사이가 넓은 눈
③ 미간 사이가 좁은 눈
④ 튀어나온 눈

38 화려한 이미지를 표현하기 위한 속눈썹 연장 방법으로 가장 거리가 먼 것은?

① 두꺼운 직모 느낌의 가모를 사용한다.
② 풍성하고 컬링이 강한 가모를 사용한다.
③ 가모 끝부분이 밝은색으로 염색된 가모를 사용한다.
④ 비즈, 글리터, 깃털 등의 오브제가 달린 가모를 사용한다.

39 에스닉 이미지에 가장 잘 어울리는 속눈썹 디자인은?

① 컬링이 강한 가모를 사용한다.
② 눈 가운데 부분에 두꺼운 속눈썹으로 강조한다.
③ 얇은 가모를 사용하여 자연스럽게 연출한다.
④ 길고 짧은 가모를 반복 사용하여 연출한다.

40 속눈썹 연장을 위한 사전 준비로 틀린 것은?

① 책상 위에 흰색 수건을 깔고, 재료를 정리해서 준비한다.
② 위생 쟁반과 도구 트레이를 이용하여 준비물을 가지런히 세팅한다.
③ 위생 봉투를 책상에 부착하여 쓰레기를 수거할 수 있도록 한다.
④ 시술자는 흰색 위생 가운을 입고 흰색 마스크와 터번을 착용한다.

41 눈 중앙 부위에서 눈꼬리로 갈수록 길고 짙은 가모를 사용하였을 때, 눈이 가지는 이미지는?

① 섹시 이미지
② 귀여운 이미지
③ 내추럴 이미지
④ 에스닉 이미지

42 속눈썹 연장 사전 준비로 연장용 마네킹의 올바른 상태는?

① 마네킹은 표식이 없는 깨끗한 상태로 준비한다.
② 마네킹에는 속눈썹 연장이 되어 있지 않아야 한다.
③ 마네킹에는 연장 실습용 기본형 인조 속눈썹만 부착된 상태이어야 한다.
④ 아이패치는 실기 시작 전에 눈매 모양에 맞게 잘라서 부착해 놓는다.

43 글루 사용법으로 옳지 않은 것은?

① 충분하게 흔들어 섞은 후 적당한 양을 글루판에 짜놓는다.
② 가모에 글루를 바를 때에는 가모의 3분의 1 정도만 글루가 닿을 수 있도록 천천히 담그고 빼낸다.
③ 가모에 방울이 생길 정도로 글루 양을 조절한다.
④ 피부에 글루 접촉 시 알레르기 및 피부염을 유발할 수 있으며, 눈썹 뿌리에 글루가 닿으면 굳어서 눈이 무겁고 아플 수 있으니 유의한다.

44 핀셋 사용법으로 옳지 않은 것은?

① 시술하고자 하는 가모의 중앙에 있는 한 올만 붙일 수 있도록 핀셋으로 가른다.
② 핀셋은 한 손으로만 잡는다.
③ 가모는 꺾이지 않도록 부드럽게 잡는다.
④ 속눈썹은 일자핀셋, 가모는 곡자핀셋으로만 잡는다.

45 속눈썹 연장 실기 내추럴 스타일의 시술 방법 및 순서의 설명으로 옳지 않은 것은?

① 5~6mm의 인조 속눈썹이 부착된 마네킹을 준비한다.
② 우드 스파츌라를 이용하여 마이크로 브러시 또는 면봉으로 전처리제를 고르게 도포한다.
③ 인조 속눈썹의 중앙에 12mm의 가모로 기준을 잡아준다. 이때 반드시 속눈썹 뿌리에서 0.1~0.2mm의 간격을 띄우고 시술한다.
④ 눈썹 앞머리까지 꽉 채워서 가모를 붙여야 하며, 속눈썹 앞머리는 8mm, 꼬리는 9mm로 시술한다.

46 속눈썹 연장 유의사항으로 옳은 것은?

① 가모 시술 시 모근에 최대한 붙여서 부착하고 일정한 간격을 유지한다.
② 속눈썹 앞머리까지 채워서 연장한다.
③ 인조 속눈썹에 최소한 20가닥 이상을 연장한다.
④ 양쪽 가모에 시술한 디자인이 숱과 포인트 대칭이 같아야 한다.

47 **속눈썹 연장 사전 준비로 옳은 것은?**

① 마네킹은 본인 표식을 해서 준비한다.
② 마네킹에는 속눈썹 연장이 반쯤 준비된 상태로 준비해야 한다.
③ 실기 시작 전 아이패치를 부착한다.
④ 마네킹에는 연장실습용 기본형 인조 속눈썹만 부착된 상태로 준비한다.

48 **가장 자연스럽고 청순한 이미지 연출이 가능한 시술 스타일로 옳은 것은?**

① 내추럴 스타일/부채꼴 J컬
② 레이어드 스타일 JC컬
③ 3D 증모
④ 5D 증모

49 **가모의 컬 종류별 핀셋 사용법으로 옳은 것은?**

① J컬, JC컬 가모 잡는 위치는 가모의 뿌리에서 3분의 2 정도 위치에 핀셋을 고정한다.
② C컬 가모 잡는 위치는 가모의 뿌리에서 끝부분에 핀셋을 고정한다.
③ J컬, JC컬 가모 잡는 위치는 가모의 뿌리에서 중간 위치에 고정한다.
④ C컬 가모 잡는 위치는 가모의 뿌리에서 3분의 1 정도 위치에 핀셋을 고정한다.

50 **레이어드 스타일 JC컬의 기준점으로 옳지 않은 것은?**

① 속눈썹 꼬리 9mm와 JC컬 11mm의 중앙에 JC컬 10mm로 기준점을 잡아 시술한다.
② 속눈썹 앞머리 8mm와 11mm 가운데 기준점을 잡아 JC컬 10mm로 시술한다.
③ 눈 중앙 기준점 12mm와 속눈썹 앞머리 11mm 중앙에 JC컬 15mm로 시술한다.
④ 인조 속눈썹의 중앙에 C컬 12mm의 가모로 기준을 잡아준다.

51 **속눈썹 연장 실기 방법 중 공통된 시술 방법으로 옳지 않은 것은?**

① 8mm의 인조 속눈썹이 부착된 마네킹을 준비한다.
② 속눈썹 연장 시술 전 손과 도구류, 마네킹의 작업 부위를 소독한다.
③ 적절한 위치에 아이패치를 부착한다.
④ 우드 스파츌라를 이용하여 마이크로 브러시(또는 면봉)로 전처리제를 고르게 도포한다.

52 **전처리제 처리 방법으로 옳지 않은 것은?**

① 우드 스파츌라를 이용하여 도포한다.
② 마이크로 브러시(또는 면봉)로 도포한다.
③ 전처리제는 생략이 가능하다.
④ 지속력과 밀착력을 높이기 위해 진행한다.

53 5D 증모 시술 방법 및 순서로 옳지 않은 것은?

① W래쉬 한 가닥에 3~5개의 인조모가 연결된 제품으로 시술한다.
② 속눈썹 앞머리는 8mm로 시술하고 속눈썹 꼬리는 12mm로 시술한다.
③ 속눈썹 앞머리부터 8, 9, 10, 11, 12, 11, 10, 9mm의 기준점 사이사이에 W래쉬(5D)로 증모한다.
④ 인조 속눈썹의 중앙에 12mm의 가모로 기준을 잡아준다.

54 발랄하고 사랑스러운 이미지를 표현하기 위한 시술 기법으로 알맞은 것은?

① 섹시 스타일 ② 볼륨 C컬 스타일
③ 큐티 스타일 ④ 레이어드 스타일

55 눈매가 양옆으로 길고 도외적 · 서구적 이미지에 어울리는 시술 기법은?

① 큐티 스타일 ② 레이어드 스타일
③ 3D 증모 ④ 섹시 스타일

56 레이어드 스타일의 설명으로 맞지 않은 것은?

① JC컬과 C컬을 레이어드로 믹싱한다.
② 내추럴 부채꼴 모양의 디자인이다.
③ 1단계 JC컬 시술 후, 2단계로 C컬 시술로 완성한다.
④ 속눈썹 꼬리 쪽으로 갈수록 길어지게 시술한다.

57 속눈썹 연장 시술 후 관리 방법으로 틀린 것은?

① 눈을 과도하게 비비지 않는다.
② 시술 당일에는 아이 리무버를 사용하지 않는다.
③ 1주일 이내에 사우나, 찜질방을 가지 않는다.
④ 시술 당일 마스카라로 속눈썹 컬을 고정한다.

58 속눈썹 연장 실기 시술 시 핀셋 사용법으로 올바른 것은?

① 속눈썹은 일자핀셋, 가모는 곡자핀셋으로만 잡는다.
② 가모를 떨어트릴 수 있으므로 꽉 잡는다.
③ 핀셋을 눕혀 잡은 뒤 속눈썹을 한 올씩 가른다.
④ 속눈썹을 두 가닥씩 동시에 시술한다.

59 글루 사용 시 유의사항으로 옳지 않은 것은?

① 가모의 3분의 1 정도만 글루가 닿을 수 있도록 천천히 담그고 빼낸다.
② 가모에 방울이 생기지 않도록 글루 양을 조절한다.
③ 충분하게 흔들어 섞은 후 사용한다.
④ 가모에 멍울이 생길 정도로 글루를 충분하게 묻혀서 사용해야 한다.

60 5D 증모의 특징으로 알맞지 않은 것은?

① W래쉬 한 가닥에 3~5개의 인조모가 연결된 제품이다.
② 전체 속눈썹 시술보다 부분 볼륨에 시술된다.
③ 시술 시간이 단축된다는 장점이 있다.
④ 손상모에 시술하는 것이 좋다.

61 속눈썹 펌 시술을 하는 이유로 옳지 않은 것은?

① 속눈썹이 눈을 찌를 경우, 눈의 편안함을 위해
② 뷰러를 사용한 것처럼 컬링을 만들기 위해
③ 건강한 속눈썹을 만들기 위해
④ 눈을 더 또렷하게 보일 수 있게 만들기 위해

62 속눈썹 펌 시술 시 필요한 준비물로 옳지 않은 것은?

① 핀셋
② 아이패치
③ 펌 롯드
④ 글루 드라이

63 시술이 불가능한 경우가 아닌 것은?

① 녹내장이 있는 눈
② 다른 일관성 안질이 있는 눈
③ 충혈된 눈
④ 각막에 상처나 손상이 있는 눈

64 속눈썹 펌 시술 시 주의사항으로 올바르지 않은 것은?

① 두피용 펌제를 사용해도 된다.
② 콘택트렌즈를 사용하는 고객은 반드시 렌즈를 뺀 후에 시술한다.
③ 롯드는 세척과 소독을 해서 반복 사용할 수 있다.
④ 시술 전 눈 주위의 메이크업, 속눈썹 유분기는 꼭 닦아낸다.

65 트러블 종류에 따른 해결 방법이 올바르게 짝지어진 것은?

① 속눈썹 끝이 꼬불꼬불하게 시술되었다. – 꼬불꼬불한 부분을 잘라낸다.
② 펌제 등의 약품이 눈에 들어갔다. – 반드시 물로 헹구고 상황을 설명한 후에 재시술한다.
③ 요청한 컬이 제대로 나오질 않았다. – 물로 헹구고 다른 샵을 추천한다.
④ 피부 두드러기가 났다. – 화장품을 이용해 임시방편으로 가려준다.

66 속눈썹 펌 시술 상황 시 관련 주의사항이 아닌 것은?

① 속눈썹이 상할 수 있으므로 연속으로 시술하지 않는다.
② 콘택트렌즈를 사용하는 고객은 반드시 렌즈를 뺀 후에 시술한다.
③ 너무 시간을 소요해 속눈썹 컬 크림을 바르게 되면 속눈썹에 상처가 생길 우려가 있으므로 주의하며 시술한다.
④ 시술 전 눈 주위의 메이크업, 속눈썹 유분기는 닦아내지 않아도 된다.

67 시술자로서 시술 전 사전에 준비해야 할 사항이 아닌 것은?

① 빠른 시술을 위해 책상 위에 준비물을 대충 세팅한다.
② 책상 위에 재료를 정리할 흰색 수건을 준비한다.
③ 흰색 위생 가운을 입고 흰색 마스크와 위생모를 착용한다.
④ 위생 봉투를 책상에 부착하여 쓰레기를 반드시 수거할 수 있도록 한다.

68 속눈썹 펌의 개념으로 올바르지 않은 것은?

① 속눈썹 펌제와 전용 롯드를 이용하여 속눈썹에 퍼머넌트 웨이브를 시행하는 것
② 뷰러를 사용한 것처럼 컬링을 만들어 최저 2주에서 최대 8주까지 유지되는 것
③ 인조 속눈썹을 붙여서 속눈썹을 또렷하고 길게 보이게 하는 것
④ 속눈썹 연장처럼 국내 · 외에서 자주 시술되는 뷰티의 한 분야로서 래쉬 리프트라고도 한다.

69 속눈썹 펌 시술 후 관리 방법으로 옳지 않은 것은?

① 시술받은 당일은 클렌징 성분으로 눈과 속눈썹을 심하게 비비지 않는다.
② 시술 후에는 눈 주위를 조심스럽게 씻는 것을 항상 유념한다.
③ 아름다운 속눈썹 컬을 유지하기 위해서는 속눈썹 전용 컬 관리 제품(에센스 등)을 사용하는 것을 권한다.
④ 펌은 연장처럼 인조 속눈썹을 붙인 것이 아니므로 눈을 비벼도 상관없다.

70 시술 전 패치테스트가 필요하지 않는 고객은?

① 쌍꺼풀 글루, 속눈썹 펌제 등 제품에 의한 트러블이 나타난 경험이 있는 고객
② 아토피가 있는 고객
③ 피부가 민감 특이 체질인 고객
④ 녹내장이 있는 고객

71 아름다운 컬링을 위한 필수 요소가 아닌 것은?

① 펌제의 방치 시간은 제1액 평균 15분 내외, 제2액 평균 5~8분 내외로 방치한다.
② 온도가 낮으면 +5분, 높으면 −5분으로 방치 시간을 조절한다.
③ 습도가 높을수록 +2분 한다.
④ 냉난방기와 고객의 피부 온도에 따라서 펌액의 흡수율과 시간이 달라질 수 있으므로, 눈 주변에 고글이나 덮개를 사용한다.

72 롯드에 속눈썹을 붙이는 방법이 아닌 것은?

① 브러시를 이용하여 속눈썹 길이와 층을 확인한다.
② 밤을 사용하여 속눈썹을 롯드에 붙인다.
③ 속눈썹 펌글루를 속눈썹 모 안쪽과 롯드에 바른다.
④ 모근부터 가지런히 뒤꼬리부터 앞머리까지 바짝 부착한다.

73 카운슬링의 방식으로 옳지 않은 것은?

① 시술 기법, 고객의 건강상태 등에 의한 어떤 증상이 나올 우려 등을 고려하여 차근차근 조사해 지식을 쌓아야 한다.

② 병세에 따라 가벼운 증상이 있는 경우에는 시술이 가능하지만, 의사의 상담이 끝난 후에 고객의 상태가 양호하고, 상호 간의 확인이 확실할 때 시술이 들어가는 것이 중요하다.

③ 속눈썹 펌과 관련하여 공통되게 질문이 나오는 것들은 미리 준비하여 카운슬링에 대응하는 것이 좋으며, 되도록 알기 쉽게 설명하고, 신뢰 관계를 쌓는 것도 매우 중요하다.

④ 카운슬링을 통해 다음 시술도 예약할 수 있게끔 회원권 결제를 유도하여 고객을 유치해야 한다.

74 속눈썹 펌 시술 전 확인해야 할 사항으로 맞지 않은 것은?

① 눈 관련 질환이 있는지

② 피부질환이 있는지

③ 속눈썹이 매우 얇고 약한지

④ 시력이 어느 정도인지

75 속눈썹 펌 시술 중 제1액 도포 방법의 설명으로 옳지 않은 것은?

① 속눈썹 연화를 위해 뒤꼬리 쪽부터 제1액을 도포한다.

② 연화타임은 약 15분 내외로 설정한다.

③ 튕긴 모가 있을 경우 펌지로 고정해 준다.

④ 고글을 씌우지 않아도 펌액이 골고루 연화되기 때문에 따로 쓸 필요는 없다.

76 속눈썹 펌의 지속성에 대한 설명으로 옳은 것은?

① 속눈썹 펌은 반영구적이므로 한 번만 시술해도 유지력이 좋다.

② 속눈썹 펌은 사람에 따라 차이가 있지만 2~8주 정도 지속된다.

③ 시술 후 시간이 지나도 고르게 자라기 때문에 10주 정도 지속된다.

④ 펌 시술 후 새로 나게 되는 모도 컬링이 있게 자라기 때문에 더 이상 시술하지 않아도 된다.

77 환원제의 종류가 아닌 것은?

① 시스테인

② 과산화수소

③ 치오글리콜산

④ 아황산수소나트륨

78 속눈썹 펌 시술 후 손질 방법이 옳은 것은?

① 컬을 시술받은 당일은 컬 크림 성분이 남아있을 수 있으므로 클렌징 성분으로 눈과 속눈썹을 꼼꼼하게 비벼 세안해야 한다.

② 시술 후에는 눈 주위를 조심스럽게 씻는 것을 항상 유념한다. 눈 주위를 강하게 씻거나 비비거나 하면 속눈썹이 빠지고 속눈썹의 손상 원인이 된다.

③ 아름다운 속눈썹 컬을 유지하기 위해서는 속눈썹 전용 컬 관리 제품을 사용하는 것을 권한다.

④ 컬이 꼬이는 것을 방지하기 위해 조심스럽게 세안해 주며, 빗질을 잘해준다.

79 속눈썹 펌 시술 전 시술자가 준비해야 하는 것은?

① 책상 위에 재료를 정리할 흰색 수건을 준비한다.
② 준비물을 손에 잡기 쉬운 위치에 대충 세팅한다.
③ 위생 봉투를 고객이 들고 있게 한 뒤, 쓰레기를 수거한다.
④ 시술자의 옷은 펌 시술과 관계가 없으므로 편한 옷을 입도록 한다.

80 양식 승낙서(시술 동의서)가 필요한 이유로 알맞지 않은 것은?

① 전문 사전 양식과 승인서 준비가 필요하다.
② 카운슬링을 확실히 하고 양식을 기재하며, 고객 본인이 이해한 후에 자필 서명을 받아 놓는다.
③ 혹시나 일어날 수 있는 트러블이 있을 때 변명을 할 수 있으므로 고객의 상태 등을 기재해 둔다.
④ 양식 승낙서는 고객과 시술자 간의 기록이므로 꼭 보관해 놓도록 한다.

제3회 실전 모의고사 (1급 대비)

객관식 각 1.25점

정답 및 해설 P105

01 속눈썹의 일반적 특성에 관한 설명 중 옳은 것은?

① 속눈썹은 단백질이 결합된 길고 굵은 털인 경모(Terminal Hair)이다.
② 일반적으로 동양 여성이 서양 여성에 비해 속눈썹이 더 굵고 길다.
③ 눈의 가장자리 부분의 속눈썹이 가운데 부분의 속눈썹보다 길이가 길다.
④ 동양 여성의 속눈썹은 숱이 많고 긴 속눈썹이 위를 향해 성장한다.

02 속눈썹의 기능에 관한 설명으로 가장 거리가 먼 것은?

① 땀과 이물질로부터 눈을 방어하고 차단하는 역할
② 눈을 깜빡이게 하는 반사작용을 유발하여 눈물을 눈 전체에 분산하는 역할
③ 강한 빛을 산란시켜 빛의 양을 조절하여 눈을 보호하는 역할
④ 눈으로 들어오는 빛을 굴절시켜 망막에 도달하게 하는 역할

03 한국인의 평균 언더라인 속눈썹 길이와 개수에 대한 설명으로 가장 옳은 것은?

① 약 4~6mm로 25~50개 정도
② 약 6~8mm로 50~85개 정도
③ 약 8~10mm로 25~50개 정도
④ 약 6~10mm로 85~100개 정도

04 코울(Kohl)과 연고, 공작석 가루를 눈 주변과 속눈썹에 발라 눈을 보호하고 건강을 유지하였던 기록이 남아있는 시기는?

① 고대 이집트
② 고대 그리스
③ 고대 로마
④ 르네상스

05 1913년 약사였던 미국의 토마스 L. 윌리엄스가 동생을 위해 만든 고형의 속눈썹 화장품은 현대 마스카라 제품의 시초이다. 이것은 무엇인가?

① 레블론 마스카라
② 맥스팩터 마스카라
③ 메이블린 마스카라
④ 에스티로더 마스카라

06 1931년 스테인리스로 만든 아이래시 컬러(Eyelash Curler)를 개발한 사람은?

① 트위기
② 칼 네슬레
③ 윌리엄 맥도넬
④ 리타 헤이워드

07 눈앞 쪽의 투명한 막으로 공기에 노출되는 안구의 부분이며, 외부 자극으로부터 눈을 보호하는 역할을 하는 것은?

① 각막(Cornea)
② 수정체(Lens)
③ 망막(Retina)
④ 속눈썹(Eyelashes)

08 눈꺼풀의 안쪽과 안구의 흰 부분을 덮고 있는 얇고 투명한 점막으로 눈을 보호하는 기능을 하는 것은?

① 결막
② 안와
③ 안근
④ 속눈썹

09 다음 중 모(毛)의 구조 중 모근부에 해당하는 것은?

① 모표피
② 모피질
③ 모수질
④ 모모세포

10 모(毛)의 구조 중 색소가 있어 모발색을 결정짓는 것은?

① 모모세포
② 모표피
③ 모피질
④ 모수질

11 속눈썹의 평균 수명은?

① 약 1~2개월
② 약 1~4개월
③ 약 3~6개월
④ 약 4~11개월

12 모낭이나 눈꺼풀에 손상 없이 속눈썹만 끊어졌을 때, 속눈썹이 다시 자라나는 기간은?

① 약 1주
② 약 4주
③ 약 6주
④ 약 9주

13 속눈썹의 성장주기에 관한 설명으로 틀린 것은?

① 생장기는 속눈썹이 활발하게 자라는 시기로 하루에 약 0.1~0.18mm 정도가 자란다.
② 퇴행기 단계에는 속눈썹이 빠지면 바로 다시 자란다.
③ 속눈썹이 자연 탈모되고 다시 성장하는 시간은 약 2주~3개월 정도 지속된다.
④ 속눈썹이 다시 자라나는 완벽한 대체는 약 4~8주 정도의 시간이 걸린다.

14 눈꺼풀 피부를 포함한 연부조직이 처진 상태를 무엇이라 하는가?

① 녹내장
② 황반변성
③ 안검외반
④ 안검이완

15 속눈썹 찌름에 의한 눈 질환으로 비정상적으로 자란 속눈썹을 뽑아 해결할 수 있는 눈의 질환은?

① 약시
② 유루증
③ 토끼눈증
④ 안구진탕증

16 다음 중 모낭충이 유발하는 질환으로 가장 거리가 먼 것은?

① 탈모
② 여드름
③ 모낭염
④ 백색증

17 모발과 속눈썹에 멜라닌 색소가 결핍된 질환을 무엇이라 하는가?

① 백내장
② 백모증
③ 눈 백색증
④ 녹내장

18 눈꺼풀올림근의 근육 문제로 눈을 뜨는 힘이 약해지거나 눈꺼풀 피부 탄력의 저하로 인조 속눈썹 연출을 하기 힘든 눈은?

① 안검하수
② 이열첩모
③ 토끼눈증
④ 안구진탕증

19 컬의 각도에 따른 순서로 알맞은 것은?

① C컬 〉 J컬 〉 CC컬 〉 JC컬
② JC컬 〉 CC컬 〉 C컬 〉 J컬
③ CC컬 〉 JC컬 〉 C컬 〉 J컬
④ CC컬 〉 C컬 〉 JC컬 〉 J컬

20 속눈썹이 앞으로 돌출된 듯 치켜 올라간 느낌으로 시술할 수 있는 가모(假毛)는?

① Y래쉬
② CC컬
③ W컬
④ L컬

21 가장 많이 사용되는 가모(假毛)의 굵기는?

① 0.01~0.015mm
② 0.10~0.15mm
③ 1~1.5mm
④ 10~15mm

22 속눈썹 연장 글루의 관리 방법으로 틀린 것은?

① 글루는 사용 후 습기를 피해 케이스에 보관하도록 한다.
② 글루는 사용 전 많이 흔들어서 사용하도록 한다.
③ 굳은 글루는 사용하지 말고 폐기 처분한다.
④ 인체 온도와 유사한 36℃에 보관한다.

23 소독할 때, 소독 효과가 강한 순서는?

① 멸균 〉 방부 〉 소독
② 소독 〉 방부 〉 멸균
③ 방부 〉 멸균 〉 소독
④ 멸균 〉 소독 〉 방부

24 눈꼬리 부분에 CC컬의 짧은 길이를 사용하여 디자인하는 것을 추천하는 눈의 형태는?

① 처진 눈
② 동그란 눈
③ 올라간 눈
④ 튀어나온 눈

25 양쪽 눈의 눈꼬리 부분에 가모의 포인트를 두는 것이 추천되는 눈의 형태는?

① 미간 사이가 좁은 눈
② 미간 사이가 넓은 눈
③ 쌍꺼풀이 큰 눈
④ 균형이 잡힌 눈

26 동그란 눈의 앞머리에 9~10mm 가모를 연장하였다. 눈동자 중앙 부위의 길이로 적합한 것은

① 7~8mm
② 8~9mm
③ 10~11mm
④ 12~13mm

27 투 톤(Two Tone) 컬러의 가모를 사용하면 잘 어울리는 속눈썹 디자인의 이미지는?

① 모던 이미지
② 화려한 이미지
③ 내추럴 이미지
④ 엘레강스 이미지

28 속눈썹 연장 실기 방법이 옳게 나열된 것은?

① 마네킹의 눈 크기에 맞게 속눈썹 부착–아이패치 부착–소독–전처리제 처리–핀셋과 글루를 사용하여 가모 부착
② 아이패치 부착–마네킹의 눈 크기에 맞게 속눈썹 부착–소독–전처리제 처리–핀셋과 글루를 사용하여 가모 부착
③ 소독–전처리제 처리–아이패치 부착–마네킹의 눈 크기에 맞게 속눈썹 부착–핀셋과 글루를 사용하여 가모 부착
④ 마네킹의 눈 크기에 맞게 속눈썹 부착–소독–아이패치 부착–전처리제 처리–핀셋과 글루를 사용하여 가모 부착

29 가모를 붙일 때의 주의사항으로 옳지 않은 것은?

① 글루가 흘러서 피부에 접착되는 점을 주의한다.
② 피부에 글루 접촉 시 알레르기 및 피부염을 유발할 수 있다.
③ 글루의 양이 많아야 가모와 속눈썹이 오래 붙어 있을 수 있다.
④ 뿌리에 글루가 닿으면 굳어서 눈이 무겁고 아프다.

30 속눈썹 연장 실기 시 유의사항으로 옳지 않은 것은?

① 가모는 굵기 0.10mm 또는 0.15mm, 길이 5~10mm의 J컬, JC컬, C컬을 사용한다.

② 전처리제 도포 시 우드 스파츌라를 속눈썹 아래에 받치고 닦아낸다.

③ 가모 시술 시 모근에서부터 최소 0.1mm 떼어서 부착하고 일정한 간격을 유지한다.

④ 반드시 한 가닥에 한 올씩 1:1로 부착한다.

31 핀셋 사용법의 설명으로 옳지 않은 것은?

① 시술하고자 하는 가모의 중앙에 있는 한 올만 붙일 수 있도록 핀셋으로 가른다.

② 속눈썹을 가를 때에는 핀셋을 눕혀서 잡는다.

③ J컬, JC컬 가모 잡는 위치는 가모의 뿌리에서 3분의 2 정도 위치에 핀셋을 고정한다. 이때 핀셋은 45도 각도를 유지한다.

④ C컬 가모 잡는 위치는 가모의 뿌리에서 중간 위치에 고정한다. 이때 핀셋은 45도 각도를 유지한다.

32 섹시스타일 시술 시 설명으로 맞지 않은 것은?

① 인조 속눈썹의 중앙에 11mm의 가모로 기준을 잡아준다.

② 눈썹 앞머리는 11mm, 눈썹꼬리는 9mm로 시술한다.

③ 중앙 기준점 11mm와 눈썹꼬리 12mm 사이에 기준점을 잡아 12mm 길이로 시술한다.

④ 눈썹 앞머리 9mm부터 중앙 11mm 길이 사이에 기준점을 잡아 10mm로 시술한다.

33 큐티 스타일 JC컬의 특징으로 맞는 것은?

① 귀여운 이미지를 위한 동그란 눈매를 연출한다. 발랄하고 사랑스러운 이미지를 표현하기 위하여 중간중간 포인트를 길고 굵은 가모(0.20mm 두께)로 시술한다.

② 속눈썹 꼬리 방향으로 갈수록 긴 사이즈로 시술한다. 눈매가 양옆으로 길고 도외적 · 서구적 이미지에 어울리며 가운데로 몰린 눈에 어울린다.

③ 가장 자연스럽고 청순한 이미지 연출이 가능하다. 부채꼴 모양으로 양쪽 속눈썹의 모량과 길이의 균형을 맞추어 아치형(부채꼴) 형태가 되도록 한다.

④ JC컬과 C컬을 레이어드로 믹싱하여 내추럴 부채꼴 모양의 기본 디자인이다.

34 속눈썹 연장 실기 섹시스타일 J컬의 시술 방법 및 순서로 옳지 않은 것은?

① 인조 속눈썹의 중앙에 11mm의 가모로 기준을 잡아준다. 이때 반드시 속눈썹 뿌리에서 0.1~0.2mm의 간격을 띄우고 시술한다.

② 인조 속눈썹 앞머리까지 꽉 채워서 가모를 붙여야 하며, 눈썹 앞머리는 9mm, 눈썹꼬리는 12mm로 시술한다.

③ 눈썹 앞머리 9mm부터 중앙 11mm 길이 사이에 기준점을 잡아 10mm로 시술한다.

④ 중앙 기준점 11mm와 눈썹꼬리 12mm 사이에 기준점을 잡아 12mm 길이로 시술한다.

35 레이어드 스타일 JC컬의 시술 설명으로 맞지 않는 것은?

① 속눈썹 앞머리는 JC컬 8mm(0.20mm의 두께)로 시술한다.
② 속눈썹 꼬리는 JC컬 10mm(0.20mm의 두께)로 시술한다.
③ 속눈썹 꼬리와 눈 중앙 사이 중앙에 기준점을 잡아 JC컬 11mm(0.20mm의 두께)로 시술한다.
④ 속눈썹 앞머리와 눈 중앙 사이 중앙에 기준점을 잡아 JC컬 11mm(0.20mm의 두께)로 시술한다.

36 속눈썹 연장 실기 시술 준비의 유의사항으로 옳지 않은 것은?

① 마네킹의 눈 크기에 맞게 인조 속눈썹의 가로 길이를 잘라 조절한다.
② 접착제를 바른 후 적절한 위치에 부착한다.
③ 눈매의 곡선과 상관 없이 아이패치를 인조 속눈썹 위에 부착한다.
④ 솜에 알코올을 묻혀 마네킹을 소독한다.

37 전처리제 처리의 목적으로 옳은 것은?

① 글루의 접착력을 낮게 해주어 시술을 천천히 할 수 있게 하기 위함이다.
② 가모의 지속력과 밀착력을 높이며, 시술 전 속눈썹의 유분 및 이물질을 제거하는 것이다.
③ 기존 속눈썹의 건강을 위해 영양을 공급하는 역할을 한다.
④ 속눈썹을 연화시키기 위함이다.

38 레이어드 스타일 JC컬의 2단계 시술 방법으로 옳지 않은 것은?

① 인조 속눈썹의 중앙에 C컬 10mm의 가모로 기준을 잡아준다.
② 속눈썹 앞머리는 C컬 8mm로 시술한다.
③ 속눈썹 앞머리부터 C컬 8, 9, 10, 11, 12, 11, 10, 9mm의 길이 순서로 시술하며, 길이별로 기준점을 잡아주며 시술하는 것이 좋다.
④ 속눈썹 꼬리 9mm와 눈 중앙 12mm 사이 중앙에 기준점을 잡아 C컬 11mm로 시술한다.

39 볼륨 라운드 스타일의 시술 방법으로 옳지 않은 것은?

① C컬의 시술 테크닉에 중점을 둔다.
② 핀셋은 가모의 1/2 지점을 잡고, 글루는 1/3 지점까지만 묻힌다.
③ 시술 후 눈썹 뿌리 부근의 접착 각도를 확인한다.
④ 전체적으로 속눈썹 꼬리 방향으로 갈수록 긴 속눈썹 스타일로 연출한다.

40 케라틴의 폴리펩타이드 구조의 특징은?

① 잡아당기면 늘어나고, 힘을 제거하면 원상태로 돌아간다.
② 잡아당기면 늘어나고, 힘을 제거해도 원상태로 돌아가지 않는다.
③ 잡아당겨도 늘어나지 않는다.
④ 잡아당기면 끊어진다.

41 고객이 원하는 컬의 각도가 눈동자 수평에서 30도에서 45도 올라갈 때 추가해야 하는 방치 시간은?

① 2분 ② 4분
③ 6분 ④ 8분

42 속눈썹 펌 시술 순서에서 필요하지 않은 것은?

① 눈매를 파악한 후에 롯드를 선정한다.
② 제1액 방치 시간 후에 제2액을 바르기 전 세안한다.
③ 눈두덩이 위에 롯드를 올려 컬의 높이를 체크한다.
④ 기술자, 시술 전에 손 소독을 반드시 한 후 마스크를 착용한다.

43 속눈썹 펌을 할 때 이용하는 결합 방식으로 옳은 것은?

① 폴리펩티드결합
② 시스틴결합
③ 염결합
④ 수소결합

44 고객이 시술 전 준비해야 할 사항이 아닌 것은?

① 시술 전 아이 메이크업을 지운다.
② 눈 및 눈 주변 알레르기 및 질환에 관하여 반드시 체크한다.
③ 고객이 원하는 속눈썹 펌의 디자인을 체크한다.
④ 콘택트렌즈는 착용 후 시술한다.

45 제1액의 환원작용에 대한 설명으로 맞지 않은 것은?

① 자연 상태의 시스틴결합을 화학적으로 절단(환원)시켜 원하는 형태로 컬링을 만들 수 있다.
② 케라틴 단백질로 구성된 속눈썹은 폴리펩티드결합, 시스틴결합, 염결합 및 수소결합을 하고 있으며, 그중에서 속눈썹파마는 수소결합을 이용한다.
③ 속눈썹에 환원제인 치오글리콜산과 알칼리로 처리하면 알칼리 성분에 모발이 팽윤되고, 팽윤된 모발에 치오글리콜산이 침투하여 측쇄 결합된 시스틴결합(-s-s)을 환원작용으로 절단하여 (-SH)로 만든다. 그 후 절단된 티올기를 과산화수소(혹은 브롬산나트륨)와 속눈썹의 복원력을 회복시킴으로써 속눈썹 컬이 형성된다.
④ 환원을 돕는 알칼리제로 암모니아는 휘발성이 좋으나 냄새가 심하게 나는 단점이 있고, 모노에탄올아민(MEA)은 냄새가 전혀 나지 않으나, 강한 알칼리이기 때문에 잔류 가능성이 매우 높다는 단점이 있다.

46 제2액 산화시간이 끝난 뒤의 순서로 알맞지 않은 것은?

① 펌글루를 제거하기 위해 전처리제를 솜에 묻힌 뒤 눈에 10초간 올려둔다.
② 속눈썹을 닦아준 뒤 롯드와 언더패치를 제거한다.
③ 헤어용 샴푸를 사용해도 되므로 샴푸 거품을 내준다.
④ 샴푸 거품을 눈꼬리부터 도포한 뒤 세정해 준다.

47 속눈썹 펌의 사전 양식 또는 승인서에 대한 설명으로 틀린 것은?

① 시술하기 전에는 카운슬링을 확실히 하고 양식을 기재하며, 고객 본인이 이해한 후에 승인서에 자필 서명을 받아 놓는다.

② 양식 사용 시 롯드, 양식을 쓴 시간 등을 꼭 기재해야 다음 방문 시에 참고할 수 있다.

③ 나중에 혹시나 일어날 수 있는 트러블이 있다면 원인을 조사할 때 필요로 하므로 발견된 고객의 상태 등을 반드시 기재해 놓는 것이 좋다.

④ 양식 승낙서(시술 동의서)는 고객과 시술자 간의 기록이며, 확인 후 폐기해도 좋다.

48 환원작용을 위한 환원제에 대한 설명으로 틀린 것은?

① 암모니아 – 휘발성이 좋으나 냄새가 심하게 난다.

② 모노에탄올아민(MEA) – 잔류 가능성이 매우 높고, 냄새도 심하게 난다.

③ ph는 높으나 점성이 묽다면 안심해서 사용할 수 있다.

④ 모발이 절단되거나 녹는 것을 최소화하려면 시술 후 반드시 샴푸와 물로 헹궈줘야 한다.

서술형 주관식(각 10점)

49 섹시 스타일로 속눈썹을 연장하고자 할 때, 기준점과 시술 특성에 관하여 서술하시오.

50 증모 스타일로 속눈썹을 연장하고자 할 때, 기준점과 시술 특성에 관하여 서술하시오.

51 속눈썹 펌은 속눈썹 펌제를 사용한 화학적인 원리를 응용하는 것이다. 펌제의 특성에 관하여 서술하시오.

52 속눈썹 펌을 시술할 때, 속눈썹 모(毛)의 굵기, 온도, 습도 등 여러 조건에 따라 펌제의 방치 시간이 달라진다. 주변 온도에 따른 펌 시술의 특징에 관하여 설명하시오.

제1회 실전 모의고사 정답 및 해설(2급 대비)

01 ③	02 ③	03 ①	04 ④	05 ②	06 ②	07 ③	08 ④	09 ③	10 ②
11 ②	12 ①	13 ①	14 ②	15 ②	16 ①	17 ②	18 ③	19 ①	20 ③
21 ④	22 ③	23 ①	24 ④	25 ③	26 ②	27 ④	28 ③	29 ③	30 ④
31 ②	32 ②	33 ②	34 ④	35 ④	36 ③	37 ④	38 ②	39 ④	40 ①
41 ③	42 ④	43 ③	44 ③	45 ③	46 ①	47 ③	48 ③	49 ①	50 ③
51 ③	52 ③	53 ②	54 ④	55 ①	56 ①	57 ③	58 ④	59 ③	60 ③
61 ④	62 ②	63 ④	64 ④	65 ③	66 ③	67 ④	68 ②	69 ③	70 ④
71 ②	72 ③	73 ③	74 ④	75 ④	76 ①	77 ③	78 ②	79 ②	80 ④

01 서양 여성의 속눈썹은 숱이 많고 긴 편이고, 위를 향해 성장한다.

02 한국인의 속눈썹 길이는 약 8~12mm 정도로 100~180개 정도가 자라며, 눈의 가운데 부분의 속 눈썹이 가장자리 쪽보다 길이가 길다.

03 눈의 구조 중 홍채(Iris)는 빛의 강약에 따라 동공 크기를 조절해 눈으로 들어오는 빛을 조절하는 기능을 한다.

04 속눈썹을 컬링하는 도구는 아이래시 컬러(뷰러)이다.

05 중세 시대에는 기독교의 금욕주의 영향으로 여성의 메이크업이 경멸의 대상이 되었다. 희고 창백한 피부에 넓은 이마를 강조하였으며, 중세 말기의 여성들은 속눈썹과 눈썹을 제거하기도 하였다.

06 1902년 칼 네슬레(Karl Nessler)는 헤어 퍼머넌트 웨이브 기기 개발에 이어 직물로 인조 속눈썹을 제작하여 판매하였다.

07 1940~1950년대 리타 헤이워드, 마릴린 먼로 등의 영화배우에 의해 일회용 인조 속눈썹이 대중화되었다.

08 2000년대에는 속눈썹 연장(Eyelashes Extension) 기술이 등장하였고, 2003년경부터 한국에서는 속눈썹 연장이 본격적으로 이루어지기 시작하였다.

09 롱 래시(Long lashes) 마스카라는 나선형 솔을 사용하며, 섬유소가 들어 있어 화이버 마스카라(Faber Mascara)라고도 부른다. 속눈썹을 길어 보이게 하나 잘 엉겨 붙거나 섬유소가 눈 밑에 떨어질 수 있다는 단점이 있다.

10 일반적인 메이크업 시 사용하는 인조 속눈썹은 가닥 속눈썹(Individual Type)과 일자 속눈썹(Strip Type) 등에 속눈썹 풀을 발라 눈에 부착한다.

11 속눈썹은 눈꺼풀 가장자리를 따라 모낭지선에서 자라는 모(毛)로 첩모(睫毛)라 불린다.

12 모(毛)의 일반적인 수명은 3~6년이다.

13 모간부는 모근부 이외에 모발의 표피 외부로 나와 있는 부분으로 모표피, 모피질, 모수질의 3개의 층으로 구성되어 있다. 가장 바깥 부분을 모표피, 가장 안쪽 부분을 모수질이라 부르며, 모피질은 머리카락에서 가장 높은 비율을 차지하는 부분이다.

14 대한선(大汗腺, 아포크린선)은 모낭에 부착된 나선형 구조로 진피의 깊숙한 곳에서 분출되며, 냄새가 있는 점성이 있는 땀을 분비한다. 주로 겨드랑이, 귀 주변, 생식기 주변, 유두와 배꼽 주변에 분포한다.

15 멜라닌 색소가 많은 경우, 검은색에 가까운 짙은 속눈썹 색으로 보인다.

16 영양소가 과잉 섭취된 경우, 일반적인 속눈썹의 성장 속도보다 빠를 수 있다.

17 속눈썹은 하루에 약 0.1~0.18mm 정도, 한 달에 약 5.4mm 정도로 성장한다.

18 모낭이나 눈꺼풀에 손상 없이 속눈썹만 끊어졌을 때는 보통 6주 정도 걸려 다시 자라나지만, 뽑힌 속눈썹 자리에 다시 성장하는 것은 대략 7~8주 이상이 소요된다.

19 속눈썹의 성장은 생장기, 퇴행기, 휴지기의 3단계로 이루어진다.

20 백내장은 눈으로 들어온 빛이 수정체를 제대로 통과하지 못하게 되어 시야가 뿌옇게 보이는 증상이 나타난다. 노화를 비롯한 다양한 원인이 있으며, 심해지면 실명하게 된다.

21 첩모탈락증은 속눈썹 탈락증으로 불리기도 한다.

22 동물의 털을 이용하여 만든 것으로 합성섬유보다 가볍고 자연스러우며, 속눈썹에 접착력이 좋다.

23 인모와 천연모는 모의 상태가 불규칙하고 가공과정이 어려워 단가가 높다.

24 CC컬은 C컬보다 컬의 각도가 더 큰 형태로 아이래시 컬러로 올린 듯 가장 풍성한 볼륨감과 컬링감을 기대할 수 있다.

25 가모의 형태가 두 가닥으로 Y자 모양으로 되어 있으며 속눈썹 숱이 풍성해 보인다.

26 글루는 세워서 실내 서늘한 곳에 보관한다.

27 시술 전 속눈썹에 붙어 있는 이물질이나 유분기를 제거하는 전 처리 작업에 사용된다. 전처리 작업 후 위생적인 상태에서 시술하면 가모의 지속력이 높아진다.

28 핀셋은 위생적으로 사용해야 하며 자외선 소독 또는 알코올 소독을 하도록 한다.

29 아이패치나 테이프는 속눈썹을 서로 붙지 않게 하고 안전하게 시술하기 위해 사용한다.

30 전처리제는 시술 전 속눈썹에 붙어 있는 이물질이나 유분기, 화장품을 제거하기 위하여 사용하며, 가모의 접착력을 높여준다.

31 소독제는 물품의 부식성, 표백성(색이 변하는 성질)이 없어야 한다.

32 길고 가느다란 눈은 이지적 이미지를 가지나, 다소 차갑거나 답답하게 보일 수 있다. 중앙의 눈동자 부분에 포인트를 두고, 눈꼬리 부분도 약간 긴 가모를 사용하여 시원해 보이도록 디자인하여 차가운 이미지를 보완한다.

33 외겹 눈은 동양적이고 고전적인 이미지로 보인다. 전체적으로 컬이 풍성한 가모를 사용하여 현대적인 이미지를 연출하는 것이 좋다.

34 양쪽 눈의 시작 부분에 포인트를 두어 넓은 미간 사이가 좁혀 보이도록 디자인한다.

35 전체적으로 본래 속눈썹보다 길고 볼륨감과 컬링이 있는 가모를 사용하여 우아하고 여성스러운 이미지로 연출할 수 있다.

36 현대적인 이미지를 위해 내추럴 스타일보다 조금 더 진한 가모를 사용하여 전체적으로 자연스럽게 연출한다. 눈이 또렷해지면 인상이 또렷해 보여 모던하고 도시적인 이미지로 보이게 된다.

37 섹시 이미지는 눈의 중앙 부위에서 뒤로 갈수록 길고 짙은 가모를 사용하여 2/3 지점부터 포인트를 두어 섹시하고 관능적인 이미지를 연출한다.

38 에스닉(Ethnic)이란 민속적, 민족적인 이미지이다.

39 민속적이고 화려한 이미지의 에스닉 이미지에 어울리는 속눈썹은 길고 짧은 가모를 반복 사용하여 연출하면 효과적이다.

40 양쪽 눈의 시작 부분에 포인트를 두어 넓은 미간 사이가 좁혀 보이도록 디자인한다.

41 실리콘 롯드는 속눈썹 펌에 사용되는 재료이다. 속눈썹 연장 실기 재료에 해당되는 재료에는 인증글루, 핀셋, 가속눈썹, 전처리제, 리무버, 마이크로 브러시, 글루판, 아이패치 등이 있다.

42 핀셋 외 도구들은 알코올을 이용하여 소독하거나 자외선 소독기를 이용하여 반드시 소독하고 사용해야 한다.

43 피부에 묻은 글루는 글루 리무버로 제거한다.

44 핀셋을 위로 올리지 않는다.

45 인조 속눈썹 한 올에 1가닥씩 붙여야 한다.

46 속눈썹 연장 시에는 글루, 핀셋 등을 사용하므로 고객의 안전을 최우선으로 둔다.

47 속눈썹 작업 시, 아이패치를 부착한 후 전처리제를 처리한다.

48 3D 증모는 시술 시간 단축의 장점이 있다.

49 뿌리에 글루가 닿으면 굳어서 눈이 무겁고 아프며, 피부염을 유발할 수 있다.

50 섹시 스타일 J컬 시술 시 속눈썹 꼬리 방향으로 갈수록 긴 사이즈로 시술하며, 눈매가 양옆으로 길고 도외적 · 서구적 이미지에 어울린다.

51 속눈썹 앞머리부터 8, 9, 10, 11, 12, 11, 10, 9mm의 기준점 사이사이에 W래쉬(5D)로 증모한다.

52 글루는 1/3 지점까지만 묻힌다.

53 속눈썹 앞머리 부분 2~3가닥은 연장하지 않는다.

54 고객의 속눈썹이 가늘고 약한 경우, 너무 두껍고 무거운 가모를 붙이면 기존 눈썹이 탈락되어 탈모의 원인이 될 수 있으므로 유의한다.

55 5D 증모는 W래쉬 한 가닥에 3~5개의 인조모가 연결된 제품을 사용하며 시술 시간이 단축되는 장점이 있다.

56 섹시 스타일은 속눈썹 꼬리 방향으로 갈수록 긴 사이즈로 시술하기 때문에 가운데로 몰린 눈에 어울린다.

57 가모는 굵기 0.15mm 또는 0.20mm를 사용한다.

58 풍성한 눈썹을 연출해주기 때문에 숱이 적거나 방향이 일정하지 않은 경우에 시술한다.

59 속눈썹 꼬리 부분은 JC컬 9mm로 시술한다.

60 섹시 스타일을 연출할 땐 J컬을 사용한다.

61 속눈썹 펌 시술 시 최저 2주에서 최대 8주까지 유지된다.

62 속눈썹은 케라틴이라는 탄력성이 있는 경단백질로 구성되어 있다.

63 속눈썹 펌의 유지 기간은 최대 8주이므로 꼭 고객이 원하는 디자인을 체크해야 한다.

64 시술 전 카운슬링은 고객의 체질 확인 등 요망 메뉴의 설명이 주를 이룬다.

65 대부분 브랜드별 펌제마다 다르지만, 보통 모발 굵기 0.7mm를 기준으로 평균 제1액 15분 내외, 제2액 5~8분 내외로 방치하게 된다.

66 가장 펌이 잘 나오는 온도는 22~25℃, 습도는 45~55%이다.

67 속눈썹 펌 시술 후 속눈썹 에센스를 발라 속눈썹 전체를 아름답게 마무리한다.

68 속눈썹 펌은 펌제를 일정 시간 속눈썹에 방치하여 시술한다.

69 눈 주위가 아닌 피부에 난 뾰루지는 펌 시술과 관련이 없으므로 시술을 진행해도 된다.

70 카운슬링은 시술 기법, 건강상태 등을 확인하고 신뢰 관계를 쌓기 위해 하는 것이다.

71 케라틴은 탄력성이 있어, 잡아당기면 늘어나고 힘을 제거하면 원상태로 돌아간다.

72 밤은 속눈썹 모의 끝을 보호하기 위에 끝부분에만 발라준다.

73 고객의 속눈썹 상태, 원하는 속눈썹 디자인 및 예약을 위한 연락처를 기록한다. 개인 사생활에 관하여 기록하지 않도록 한다.

74 제2액의 산화 시간은 약 5분 내외로 설정한다.

75 알레르기가 올라왔다면 그 즉시 시술을 중단하고 병원을 권유해야 한다.

76 속눈썹 펌 시술 순서는 '재료 준비–손소독–메이크업 클렌징–눈매에 맞는 롯드 선정–속눈썹 롯드에 부착–제1액 방치–제2액 방치–샴푸–에센스'이다.

77 시스테인은 환원제의 종류다.

78 제1액은 속눈썹을 연화시키는 역할을 한다.

79 제2액은 산화작용을 일으킨다.

80 고객의 눈 모양보다 펌제의 방치 시간, 안정적인 보습과 보온의 유지가 중요하다.

제2회 실전 모의고사 정답 및 해설(2급 대비)

01 ④	02 ③	03 ④	04 ②	05 ①	06 ①	07 ①	08 ④	09 ④	10 ①
11 ②	12 ③	13 ③	14 ②	15 ③	16 ②	17 ①	18 ④	19 ③	20 ③
21 ②	22 ④	23 ③	24 ②	25 ①	26 ③	27 ①	28 ①	29 ②	30 ①
31 ④	32 ④	33 ③	34 ③	35 ④	36 ②	37 ②	38 ①	39 ④	40 ④
41 ①	42 ④	43 ③	44 ②	45 ④	46 ④	47 ④	48 ①	49 ①	50 ③
51 ①	52 ③	53 ②	54 ③	55 ④	56 ④	57 ④	58 ①	59 ④	60 ④
61 ③	62 ④	63 ③	64 ①	65 ②	66 ④	67 ①	68 ③	69 ④	70 ④
71 ②	72 ④	73 ②	74 ④	75 ④	76 ②	77 ②	78 ①	79 ①	80 ③

01 속눈썹 연장은 메이크업 국가기술자격 실기 시험의 제4과제에 해당한다.

02 한국인의 속눈썹 길이는 약 8~12mm 정도로 100~180개 정도가 자라며, 언더라인 속눈썹은 약 6~8mm로 50~85개 정도가 자란다.

03 화장품이 본격적으로 사용되기 시작한 것은 근대 낭만주의 시대부터였다. 영국의 빅토리아 여왕은 석탄가루와 바셀린으로 만든 마스카라를 사용하였다.

04 근세에는 엘리자베스 1세 여왕의 메이크업이 영국과 유럽의 여성들에게 유행하였다. 붉은 황금색 계열의 모발색과 속눈썹이 유행하였고, 색상을 표현하기 위해 속눈썹을 염색하기도 하였다.

05 화장품이 본격적으로 사용되기 시작한 것은 근대 낭만주의 시대부터였다. 영국의 빅토리아 여왕은 석탄가루와 바셀린으로 만든 마스카라를 사용하였다.

06 1960년대 영국의 모델 트위기는 아이홀 메이크업에 인조 속눈썹을 붙이거나 아이라인으로 인위적으로 그린 속눈썹을 유행시켰다.

07 망막이란 상(像)이 맺히는 부분으로 안구의 가장 안쪽을 덮고 있다. 빛에 대한 정보를 시신경에 전달하는 카메라의 필름과 같은 역할이며, 망막 주변에는 간상체와 추상체라는 시세포가 있어 색의 명암과 색상을 구별할 수 있다.

08 워터 프루프(Water Proof) 마스카라는 물이나 땀에 강하다. 지울 때는 아이리무버를 사용하는 것이 좋다.

09 모피질은 머리카락에서 가장 높은 비율을 차지하는 부분으로 멜라닌 색소가 있어 모발색을 결정짓는다.

10 모간부는 모발의 표피 외부로 나와 있는 부분으로 모표피, 모피질, 모수질의 3개의 층으로 구성되어 있다. 모피질은 머리카락에서 가장 높은 비율을 차지하는 부분으로 멜라닌 색소가 있어 모발색을 결정짓는다.

11 모발은 모근부와 모간부로 분류되며, 모근부에 있는 모유두는 모발의 성장을 조절하고 모구에 산소와 영양을 공급한다.

12 속눈썹의 굵기와 길이는 인종, 성별, 나이, 환경 등에 따라 차이가 있으며, 평균적인 한국인의 속눈썹 두께는 0.1~0.15mm이다.

13 생장기는 속눈썹이 활발하게 자라는 시기로 약 4~10주 동안 하루에 약 0.1~0.18mm 정도가 자란다. 눈썹의 80~90% 이상의 눈썹이 생장기에 속한다.

14 속눈썹의 성장이 멈추고 모낭이 축소되는 단계이다. 성장기 이후 속눈썹의 형태를 유지하는 기간이며, 퇴행기는 약 2~3주 정도 지속된다. 이 단계에서 속눈썹이 빠지면 바로 다시 자라나기 어렵다.

15 입모근(立毛筋)은 교감신경의 흥분이나 한랭 등의 원인으로 수축하면 털을 직립에 가까운 상태로 세우고, 동시에 피지선을 압박하여 피부 표면에 좁쌀 모양의 소융기(Goose Skin)를 형성한다.

16 시신경 위축증의 형태를 띠면서 망막 신경총 세포를 포함 시신경에 생기는 질환의 총칭이다. 주로 안구 안의 안방수의 증가로 인한 압력 상승과 관련이 있으며, 치료되지 않은 녹내장은 시력 저하에 영향을 준다.

17 속눈썹난생증으로도 불리는 첩모난생증은 안구 쪽을 향해 자란 속눈썹이 각막을 찌르는 질환으로 속눈썹 전기 분해 또는 쌍꺼풀 수술(안검형성술) 등으로 교정할 수 있다.

18 다래끼는 피지선 또는 땀샘의 감염에 의해 나타나는 급성 화농성 질환으로 일반적으로 일주일 이내에 사라진다.

19 탈모는 선청성 탈모(유전)와 후천성 탈모(스트레스, 약물치료 등)가 있다.

20 손바닥과 발바닥에는 털이 자라지 않는다.

21 황반변성(Macular Degeneration)은 노화, 유전, 염증 독성 등에 의해 망막의 중심부에 위치한 신경조직인 황반에 이상이 일어나는 현상이다.

22 안검염은 눈꺼풀과 속눈썹이 위치한 눈꺼풀 테두리에 염증이 생기는 질환으로 발적과 부종, 가려움, 딱지가 생기거나 진득한 눈곱이 생기고, 충혈, 이물감 및 눈물 흘림 등의 안구 표면 자극 증상이 나타날 수 있다.

23 합성섬유로 만든 원사를 열가공 처리하여 부드러운 탄성과 자연스러운 광택이 특징인 가모(假毛)로, 실제 실크 원사는 아니며 가장 흔하게 사용된다.

24 CC컬은 아이래시 컬러로 올린 듯 풍성한 볼륨감과 컬링감이 특징이며, 속눈썹이 직모일 때 교정용으로 사용한다.

25 가모(假毛)의 섬유 원사의 단위는 데니어(D=denier)를 사용한다.

26 가모의 굵기는 0.05~0.25mm까지 다양하다.

27 전처리제는 시술 전 속눈썹에 붙어 있는 이물질이나 유분기, 화장품을 제거하기 위하여 사용한다.

28 아이패치가 등장하기 전에는 위생 테이프 등을 사용하기도 하였으나 최근에는 피부를 고려한 다양한 아이패치가 나와 사용이 편리해졌다.

29 팔레트는 시술 시 글루를 덜어 사용하는 제품으로 글루 양을 조절하기 편하다.

30 재질이 스테인리스(Stainless)로 되어 있는 핀셋, 가위 등은 시술 전 알코올 소독을 한다.

31 속눈썹 글루는 온도, 습도에 민감하게 반응하여 굳을 수 있으므로 개봉 후 이른 시일 내에 사용하도록 한다.

32 눈꼬리 쪽 속눈썹이 길면 눈이 더 처져 보이므로 다소 짧은 속눈썹을 붙이는 것이 좋다.

33 올라간 눈은 액티브한 이미지를 가지나, 강하고 사나운 이미지로 보일 수 있다. 끝부분이 강조되지 않도록 짧은 가모를 디자인하여 전체적인 균형을 맞춰서 부드러운 이미지로 디자인한다.

34 고객의 눈 형태, 속눈썹 상태, 선호 이미지 등을 고려하여 속눈썹 가모를 선택한다.

35 튀어나온 눈은 강하고 도전적인 이미지로 보일 수 있다. 눈이 강조되지 않도록 자연스러운 컬을 사용한다.

36 귀여운 이미지를 연출하기 위하여 눈이 동그랗게 보이도록 가운데 부분에 가장 길고 짙은 가모를 사용하여 포인트를 준다. 검은 눈동자 부분이 확대 연결되는 느낌을 주게 되어 귀엽고 동그란 눈으로 보이게 한다.

37 미간 사이가 매우 넓을 경우, 눈 사이의 균형감이 떨어져 허술해 보이는 이미지로 보일 수 있다.

38 화려하고 강조되는 이미지를 위해 매우 풍성하거나, 투톤(Two Tone) 컬러의 가모를 사용하고, 오브제를 활용하기도 한다.

39 민속적이고 화려한 이미지의 에스닉 이미지에 어울리는 속눈썹은 길고 짧은 가모를 반복 사용하여 연출하면 효과적이다.

40 시술자는 흰색 위생 가운과 흰색 마스크, 그리고 위생모를 착용한다. 머리는 흘러내리지 않게 정갈하게 묶고 시술에 방해되는 액세서리는 하지 않는다. 터번은 모델에게 착용한다.

41 눈의 중앙 부위에서 뒤로 갈수록 길고 짙은 가모를 사용하여 2/3 지점부터 포인트를 두면 섹시하고 관능적인 이미지를 연출할 수 있다.

42 아이패치는 실기 시작 후에 부착한다. 실시 시작 후 소독부터 전처리제, 그리고 연장까지 제한된 시간 안에 완성한다.

43 가모에 방울이 생기지 않도록 조절한다. 멍울이 있을 시에는 글루를 덜어내야 한다.

44 핀셋은 양 손으로 잡고 일반적으로 속눈썹은 일자핀셋, 가모는 곡자핀셋으로 잡는다.

45 눈썹 앞머리 2~3가닥에는 가모를 붙이지 않는다.

46 가모 시술 시 모근에서부터 최소 0.1mm 떼어서 부착하며, 속눈썹 앞머리 2~3가닥은 연장하지 않는다. 인조 속눈썹에 최소한 40가닥 이상을 연장한다.

47 마네킹은 속눈썹 연장이 되어 있지 않은 표식이 없는 깨끗한 상태로 준비해야 하며, 아이패치는 실기 시작 후에 부착하도록 한다.

48 내추럴 스타일은 부채꼴 모양으로 양쪽 속눈썹의 모량과 길이의 균형을 맞추어 아치형 형태가 되도록 시술하며, 가장 자연스럽고 청순한 이미지 연출이 가능하다.

49 J컬, JC컬 가모 잡는 위치는 가모의 뿌리에서 3분의 2 정도 위치에 핀셋을 고정한다. 이때 핀셋은 45도 각도를 유지해야 한다.

50 눈 중앙 기준점 12mm와 속눈썹 앞머리 11mm 중앙에 JC컬 15mm가 아닌 12mm로 시술한다.

51 마네킹은 5~6mm의 인조 속눈썹이 부착된 것으로 준비한다.

52 전처리제는 시술 전 유분 및 이물질을 제거하여 가모의 지속력과 밀착력을 높여주기 때문에 생략하지 않는다.

53 속눈썹 꼬리는 9mm로 시술한다.

54 큐티 스타일은 동그란 눈매를 연출하여 발랄하고 사랑스러운 이미지를 표현한다.

55 속눈썹 꼬리 방향으로 갈수록 긴 사이즈로 시술하기 때문에 눈매가 양옆으로 길어 보인다.

56 레이어드 스타일 JC컬은 내추럴 부채꼴 모양으로 완성한다.

57 속눈썹 연장 시술 직후에는 마스카라를 바르지 않도록 한다.

58 가모는 꺾이지 않도록 부드럽게 잡아야 하며, 핀셋을 세워 잡아야 한 올씩 가르기 편하다.

59 글루의 양이 많으면 피부에 접착될 수 있으므로 멍울이 생기지 않도록 조심해야 한다.

60 5D 증모는 건강모에 시술하는 것이 좋다.

61 속눈썹 펌 시술 목적은 미용 목적이 크다.

62 속눈썹 펌 시술 시엔 글루드라이가 필요하지 않다.

63 특별한 질병 사유가 없이 충혈만 되어 있다면 시술할 수 있다.

64 속눈썹용 펌제를 사용하여야 한다.

65 약품이 눈에 들어갔을 경우엔 반드시 물로 헹궈준다.

66 속눈썹 펌 시술 전 눈 주위의 메이크업, 속눈썹 유분기는 꼭 닦아낸다.

67 준비물은 위생쟁반과 도구 트레이를 이용하여 가지런히 세팅한다.

68 인조 속눈썹을 붙이는 시술은 속눈썹 연장이다.

69 속눈썹 펌 시술 후 눈을 심하게 비비게 되면 컬이 꼬일 수 있다.

70 녹내장이 있는 고객은 패치테스트를 하더라도 시술이 불가능하다.

71 온도에 따라 +2분, −2분으로 2분씩 조절한다.

72 밤은 속눈썹 모의 끝을 보호하기 위해 끝부분에 발라주는 용도이다.

73 카운슬링은 고객과의 신뢰 관계를 위해 한다.

74 속눈썹 펌 시술 전 시력은 확인하지 않아도 된다.

75 냉난방기와 고객의 피부 온도에 따라서 펌액의 흡수율과 시간이 달라질 수 있으므로 고글을 사용하는 것이 좋다.

76 속눈썹 펌 시술 후 2~8주 정도 지속되며, 고르게 자라지 못하고 새로 나게 되는 모는 컬이 없는 직모의 속눈썹으로 자란다.

77 과산화수소는 산화제의 종류이다.

78 시술 당일은 클렌징 성분으로 눈과 속눈썹을 심하게 비비지 않는다.

79 위생쟁반과 도구 트레이를 이용하여 준비물을 가지런히 세팅한 뒤, 위생 봉투를 책상에 부착하여 쓰레기를 반드시 수거해야 한다. 시술자는 흰색 위생 가운을 입고 흰색 마스크와 위생모를 착용하여야 한다.

80 양식은 혹시 일어날 수 있는 트러블의 원인을 조사할 때 필요하다.

제3회 실전 모의고사 정답 및 해설(1급 대비)

01 ①	02 ④	03 ②	04 ①	05 ③	06 ③	07 ①	08 ①	09 ④	10 ③
11 ④	12 ③	13 ②	14 ④	15 ②	16 ④	17 ②	18 ①	19 ④	20 ④
21 ②	22 ④	23 ④	24 ①	25 ①	26 ③	27 ②	28 ①	29 ③	30 ①
31 ②	32 ②	33 ①	34 ②	35 ②	36 ③	37 ②	38 ①	39 ④	40 ①
41 ①	42 ②	43 ②	44 ④	45 ②	46 ③	47 ④	48 ②	49~ 52	서술형

01 속눈썹은 단백질이 결합된 길고 굵은 털인 경모(Terminal Hair)로 눈의 가운데 부분의 속눈썹이 가장자리 쪽보다 길이가 길고, 눈에서 멀어질수록 휘어진 형태를 가졌다.

02 눈으로 들어오는 빛을 굴절시켜 망막에 도달하게 하는 역할은 눈의 구조 중 수정체의 역할이다.

03 한국인의 언더라인 속눈썹은 약 6~8mm로 50~85개 정도가 자란다.

04 속눈썹 디자인과 관련된 최초 기록은 B.C. 3500년경의 고대 이집트 시대의 것으로 추정하고 있으며, 이집트인들은 코울(Kohl)과 연고, 공작석 가루를 눈 주변과 속눈썹에 발라 눈을 보호하고 건강을 유지하였다고 한다.

05 1913년 약사였던 미국의 토마스 L. 윌리엄스(Thomas L. Williams)가 동생 메이블을 위해 고형의 속눈썹 화장품을 만든 것이 현대 마스카라 제품의 시초이다. '래쉬 브로우 인(Lash-Brow-Ine)'은 바셀린 젤리와 분탄을 혼합하여 만든 제품이었다.

06 1931년에는 윌리엄 맥도넬(William McDonell)에 의해 스테인리스로 만든 아이래시 컬러(Eyelash Curler)가 개발되었다.

07 각막(Cornea)은 홍채와 동공을 보호하는 눈 앞 쪽의 투명한 막으로 공기에 노출되는 안구의 부분이다. 외부 자극으로부터 눈을 보호하는 역할을 한다.

08 결막(Conjunctiva)이란 눈꺼풀의 안쪽과 안구의 흰 부분을 덮고 있는 얇고 투명한 점막으로 눈을 보호하는 기능을 하며, 결막을 이루는 일부 세포는 눈물 성분 중 점액을 만들어 분비한다.

09 모근부는 두피의 조직이 붙어 있는 부분으로 둥글게 부풀려져 있는 모구에 모세혈관과 모유두, 모모 세포가 존재한다.

10 모피질은 모간부의 3개 층 중 하나로 머리카락에서 가장 높은 비율을 차지하는 부분으로 멜라닌 색소가 있어 모발색을 결정짓는다.

11 속눈썹은 보통 3~6개월의 주기로 생성과 자연적인 탈락을 반복한다. 속눈썹의 수명은 약 4~11개월로 속눈썹의 생성 속도와 기간, 수명은 사람마다 다르다.

12 모낭이나 눈꺼풀에 손상 없이 속눈썹만 끊어졌을 때는 보통 6주 정도 걸려 다시 자란다.

13 퇴행기는 약 2~3주 정도 지속된다. 이 단계에서 속눈썹이 빠지면 바로 다시 자라나기 어렵다.

14 눈꺼풀피부늘어짐증 또는 눈꺼풀피부처짐증이라고도 하며, 노화, 눈의 지속적인 부종, 눈꺼풀의 반복적인 염증 등의 원인에 의해 피부 탄력이 떨어지면서 눈꺼풀이 처지는 현상이다.

15 유루증(Epiphora)은 눈물흘림증이라고도 하며, 속눈썹 찌름에 의한 유루증이면 비정상적인 속눈썹을 뽑아 제거하는 것이 좋다.

16 모낭충은 모낭 안쪽에 기생하며, 모낭 속 피지와 노폐물의 영양으로 기생하며 탈모뿐만 아니라 여드름 및 각종 피부질환을 유발한다.

17 멜라닌 세포의 합성이 결핍되면 피부, 털에 색소가 없어 희게 나타나는 것을 백색증이라 한다. 그중 모발과 속눈썹에 나타나는 백색증은 백모증이라 하기도 한다.

18 안검하수(Ptosis)는 선천적 또는 노화에 의한 눈꺼풀올림근 등의 근육 문제로 눈을 뜨는 힘이 약해지거나 눈꺼풀 피부 탄력의 저하로 피부가 축 늘어지면서 눈을 덮는 경우를 말한다.

19 J컬은 가장 일반적으로 사용되는 컬이며, JC컬, C컬, CC컬의 순서로 컬의 각도가 커진다.

20 L컬은 컬이 L자 모양으로 살짝 꺾여 있는 형태이다.

21 가모의 굵기는 0.05~0.25mm까지 다양하며, 가장 많이 사용되는 굵기는 0.10~0.15mm이다.

22 글루는 온도와 습도에 의해 경화될 수 있으므로 시원한 곳에 산소를 최대한 피해 보관하며, 개봉 후 이른 시일 내에 사용하는 것이 좋다.

23 멸균은 모든 미생물을 사멸하며, 소독은 아포를 제외한 병원성 미생물을 죽인다. 방부는 미생물을 억제시키는 것이다.

24 눈매가 처진 부분을 길게 하면 더 처져 보이므로 시작과 중간 부분에 포인트를 두고 처진 부분에는 CC컬의 짧은 길이를 사용하여 디자인한다.

25 미간 사이가 넓은 눈과 반대로 양쪽 눈의 끝부분에 포인트를 두어 시각적으로 미간이 넓어 보이도록 디자인한다.

26 눈꼬리 부분으로 갈수록 긴 가모를 사용하여 중간의 둥근 부분과 어울리도록 시술하는 것이 포인트이다. 중간 부분에 포인트를 두면 더 동그란 눈이 되므로 전체적인 균형을 생각하여 디자인한다.

27 화려한 이미지를 표현하기 위해 매우 풍성하거나, 투톤(Two Tone) 컬러의 가모를 사용하고, 오브제를 활용하기도 한다.

28 '마네킹의 눈 크기에 맞게 속눈썹 부착–아이패치 부착–소독–전처리제 처리–핀셋과 글루를 사용하여 가모 부착' 순서로 실기 시술을 준비한다.

29 글루의 양이 많으면 흘러내려서 피부에 접촉될 수 있다. 피부에 접촉 시 알레르기 및 피부염을 유발할 수 있으니 주의해야 한다.

30 가모는 굵기 0.15mm 또는 0.20mm, 길이 8~12mm의 J컬, JC컬, C컬을 사용한다.

31 속눈썹을 가를 때에는 핀셋을 세워 잡아야 한 올씩 가르기 편하다.

32 눈썹 앞머리는 9mm, 눈썹꼬리는 12mm로 시술한다.

33 귀여운 이미지를 위한 동그란 눈매를 연출한다. 눈 중앙의 가모를 가장 길게 표현하는

것이 좋으며, 중간중간 포인트를 길고 굵은 가모(0.20mm 두께)로 시술한다.

34 인조 속눈썹 앞머리 2~3가닥에는 가모를 붙이지 않는다.

35 속눈썹 꼬리는 JC컬 9mm(0.20mm의 두께)로 시술한다.

36 아이패치는 눈매의 곡선에 맞게 인조 속눈썹보다 아래 적절한 위치에 부착한다.

37 시술 전 전처리제 처리를 하여 속눈썹의 유분 및 이물질을 제거하여 지속력과 밀착력을 높이기 위해 사용한다.

38 인조 속눈썹의 중앙에는 C컬 12mm로 기준을 잡아준다.

39 볼륨 라운드 스타일은 전체적으로 자연스럽게 부채꼴 모양이 되도록 완성한다.

40 케라틴은 탄력성을 가지고 있다.

41 각도가 눈동자 수평에서 30도에서 45도 올라갈수록 +2분 정도 방치 시간을 조절한다.

42 제1액 방치 시간 후에 제2액을 발라 방치 시간을 정한 후에 닦아낸다.

43 케라틴 단백질로 구성된 속눈썹은 폴리펩티드결합, 시스틴결합(이황화결합), 염결합 및 수소결합을 하고 있으며, 그중에서 속눈썹 파마는 시스틴 결합을 이용한다.

44 펌 시술 전 콘택트렌즈는 반드시 빼고 시술해야 한다.

45 속눈썹 펌은 시스틴결합을 이용한다.

46 속눈썹용 샴푸를 사용하여야 한다.

47 양식 승낙서는 고객과 시술자 간의 기록이므로 꼭 보관해 놓도록 한다.

48 모노에탄올아민은 냄새가 전혀 나지 않지만, 잔류 가능성이 매우 높다.

서술형 주관식(각 10점)

49 섹시 스타일의 속눈썹은 눈꼬리 방향으로 갈수록 긴 사이즈의 가모를 시술한다.

인조 속눈썹 중앙에 11mm의 가모로 기준을 잡고, 이때 가모는 속눈썹 뿌리에서 0.1~0.2mm의 간격을 띄우고 시술한다.

속눈썹 앞머리 2~3가닥에는 가모를 붙이지 않으며, 첫 속눈썹의 길이는 9mm로 시술한다. 속눈썹 꼬리는 12mm이다. 속눈썹 앞머리로부터 눈꼬리 방향으로 9, 10, 11, 12mm의 길이로 시술하며, 한 올에 1가닥씩 붙이도록 한다.

50 Y래쉬 또는 W래쉬를 사용하여 속눈썹이 풍성해 보이도록 증모 가모를 시술한다.

먼저 기본 J컬로 부채꼴의 기준점을 잡도록 한다. 기준점은 앞머리부터 8, 9, 10, 11, 12, 11, 10, 9mm의 길이로 시술하며, 한 올에 1가닥씩 붙이도록 한다. 이때 눈 앞머리 2~3가닥은 가모를 붙이지 않으며, 속눈썹 뿌리에서 0.1~0.2mm 간격을 띄우고 시술한다.

기준점이 완성되면 사이사이에 Y래쉬 또는 W래쉬를 붙여 풍성한 증모 스타일의 속눈썹을 완성한다.

51 속눈썹 펌의 기본원리는 속눈썹 펌제를 일정 시간 속눈썹에 방치하여 환원작용과 산화작용을 이용한 것이다. 제1액은 환원작용으로 속눈썹의 시스틴 결합을 환원시켜 속눈썹을 원하는 형태로 컬링할 수 있도록 한다. 일반적으로 대표적인 환원제는 치오글리콜산이 있으며, 알카리성을 띈다.

제2액은 산화작용으로 원하는 형태의 컬을

만든 후, 다시 시스틴 결합으로 산화시켜 컬을 고정하는 역할을 한다. 대표적인 산화제는 과산화수소, 브롬산나트륨 등이 있으며 산성을 띠는 것이 특징이다.

52 아름다운 컬링이 나오기 위해서는 펌제의 방치 시간이 매우 중요하다. 방치 시간은 대부분 브랜드별 펌제마다 다르지만, 제1액 평균 15분 내외, 제2액 평균 5~8분 내외로 방치하게 된다.

시술 환경 주변의 온도는 22도에서 25도일 때 가장 펌이 잘 나온다. 이보다 온도가 높으면 -2분, 낮으면 +2분 방치하도록 한다